The second space race is still young, and its real stakes are two-fold: the old Western Powers are just as new at this as those in the East, and the ultimate outcome will be up to the next generation of thinkers & dreamers, whose choices will shape the course of the final human adventure.

Much love for my friends in South Korea!

To the stars, and beyond!!

Buzz 20/23

우주전쟁 2.0

우주전쟁 2.0

브래드 버건 지음   최지숙 옮김

SPACE RACE
SPACE RACE
SPACE RACE
SPACE RACE

뜨락

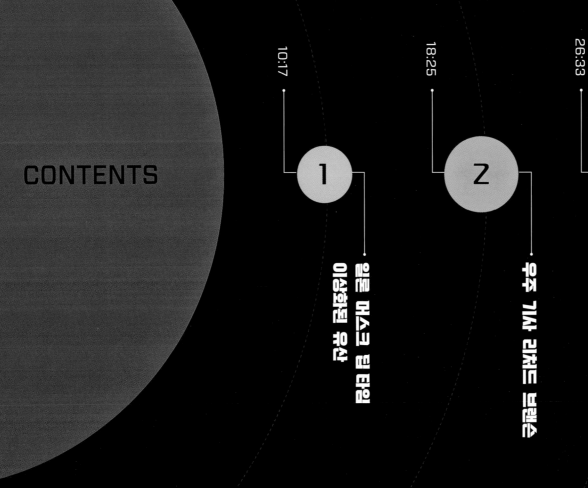

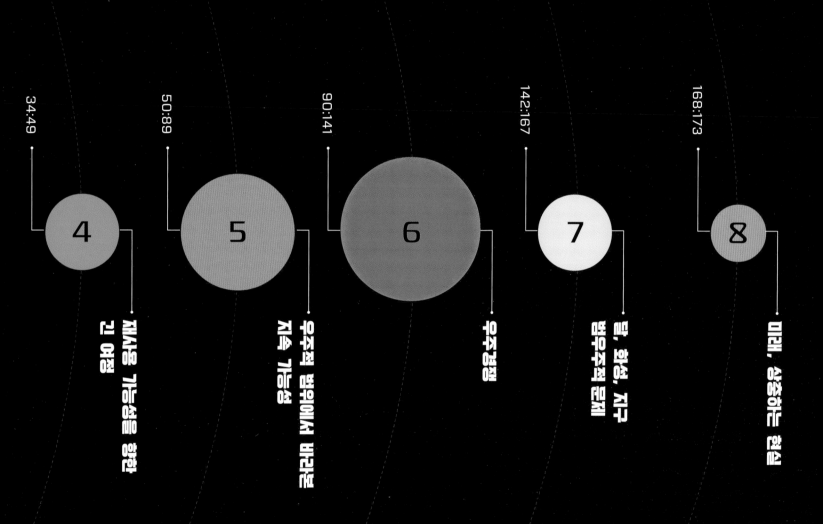

34:49

50:89

90:141

142:167

168:173

4

5

6

7

8

재사용 가능성을 향한
긴 여정

우주적 범위에서 바라본
지속 가능성

우주 범선

달, 화성, 지구
범우주적 문제

미래, 상충하는 현실

INTRODUCTION

2021년 7월 20일 텍사스 사막 지대 너머로 동이 트고,
세계에서 가장 부유한 남자가 우주선을 타고
우주로 날아갈 준비를 했다.
드디어 블루오리진 밴혼 발사장에서 카운트다운 소리가 들려오고,
BE Blue Engine -3 엔진을 장착한 뉴셰퍼드 New Shepard 로켓이 불꽃을 내뿜었다.
액체 수소와 액체 산소가 섞이며 발생하는 하부 폭발의 힘은 엄청났다.
드디어 아마존과 블루오리진 창립자 제프 베이조스 Jeff Bezos,
동생 마크 베이조스 Mark Bezos, 82세 비행사,
18세 소년이 우주로 날아올랐다.

이미 소셜 미디어는 우주선 발사에 대한 흥분으로 떠들썩했고, 우주선 모양이 남근처럼 생겨서 기이하다는 댓글이 올라오기 시작했다. 사실 그 기이한 모양새를 한 뉴셰퍼드 로켓은 '유인 우주 탐험선'이 급진적으로 진화했다는 상징이다. 수십 년 동안 텔레비전 속 공상과학은 〈스타트렉〉과 같은 상징적 SF 시리즈가 보여준 것처럼 미래의 이상적인 모습만을 전형적으로 표현하곤 했다. 하지만 21세기 우주여행의 현주소는 〈스타트렉〉과 사뭇 다르다. 이 새로운 광경에는 베이조스

가 이끄는 거대 기업 아마존처럼 전 세계적인 공급망을 보유한 거대 기업의 등장이 색다르다. 이들은 기존 우주 산업에 전략적 힘 보태기에 나섰다. 최첨단 컴퓨터 인공지능 소프트웨어와 전례 없는 민관 협력에 힘입어 일론 머스크 Elon Musk, 리처드 브랜슨 Richard Branson, 베이조스와 같은 억만장자들이 우주 무역 시장을 선도하겠다는 꿈을 가지고 속속 모여들었다.

억만장자 베이조스가 달에 탐험과 사업적인 목적으로 정착지를 만들겠다는 포부를

품게 된 것은 또 다른 억만장자 머스크의 말 때문이라고 해도 과언이 아니다. 2016년 멕시코에서 열린 한 회의에서 스페이스 SpaceX의 CEO 머스크는 "우리가 지구에 영원히 머무는 것도 나쁠 건 없지만, 그렇게 된다면 지구의 종말도 함께 맞이해야 할 것이다."라고 말하며 다음과 같이 덧붙였다.

"종말에 대해 당장 내놓을 예언은 없지만, 종말을 알리는 어떤 사건이 결국 일어난다는 사실은 역사를 통해서도 알 수 있다. 대안은 인류가 우주를 여행하는 문명, 즉 다중

행성종multi-planet species이 되는 것이다. 여러분도 이것이 우리가 갈 길이라고 동의하기 바란다."

머스크는 생존 문제를 이유로 인류의 우주 탐사 의지를 불태우고, 결국 인류는 다중행성종이 될 운명이라는 것을 분명히 하려는 것처럼 보인다. 그러나 우주로 향하는 머스크, 베이조스, 브랜슨의 추진력은 공상과학 영화에 나오는 익숙한 장면과도 다르고, 냉전과 군산복합체가 촉발한 20세기 우주경쟁과도 닮지 않았다. 오히려 2세대 우주경쟁은 라디오가 발명되기 이전, 미국 역사상 빼놓을 수 없는 또 다른 시기와 더 비슷하다.

앤드루 카네기Andrew Carnegie는 1889년 〈노스아메리칸리뷰〉 잡지에 기고한 〈부의 복음〉이라는 글에서 '예전의 상태로 퇴보해…… 문명이 재가 되어야지만 백만장자의 궁전과 노동자의 오두막 사이의 관계를 구축할 기회가 다시 생길 것'이라고 썼다.

그 글에서 카네기는 '지난 세기에 이룬 발전을 잃지 않으려면, 동시대 최고 부자들은 부를 쌓아가는 과정에서 박애정신을 최우선에 놓아야 한다. 그렇게 지속적으로 국민의 생활수준을 끌어올리는 노력을 게을리하지 말아야 한다'주장하며, '지금 가난한 사람은 예전에 부자가 할 수 없었던 것들을 즐긴다. 과거에 사치품이었던 것이 이제는 삶의 필수품이 되었다. 이제 노동자는 회사 주인이 몇십 년 전에 누렸던 것보다 더 많은 편리함을 누린다.'라고 덧붙였다. 높아지는 생활수준을 맞추기 위해 산업 확장을 강행한 것

이라고 옹호하며 기술을 발전시키고 생산을 늘려 부를 축적했다. 이와 동시에 전 세계 특권층이 일반인을 위해 숭고한 희생정신을 발휘했고 선의를 베풀었다는 선민의식을 나란히 심었다. 이런 관점에서 보면, 인류를 다중행성종으로 바꾸려는 머스크의 노력과 기후변화로부터 지구를 지키고 대신 우주를 오염시켜야 한다는 베이조스의 말은 카네기의 자선활동과 크게 다르지 않다.

어떤 면에서 보면, 우리는 진정으로 19세기를 벗어난 적이 없다. 그 당시 도금시대[1] 기업가는 자신이 가진 부를 바탕으로 기술, 재료, 인프라에 투자해 각 산업 분야의 수장이 되었다. 존 D. 록펠러John D. Rockefeller는 스탠더드 오일Standard Oil을 설립해서, 1880년대까지 미국의 파이프라인과 정유소의 90퍼센트를 지배하게 된다. 카네기처럼 록펠러도 평생 5억 달러(약 6,000억 원) 이상 기부하면서 자선 활동의 중요성을 강조했다. J. P. 모건John Pierpont Morgan은 집안 재산을 써서 미국 철도의 절반을 장악했다. 동시에 그는 막대한 자원을 써서 토머스 에디슨Thomas Edison과 에디슨 전기회사와 같은 전도유망한 인재와 기업에 투자했다. 그들은 노동자에 대해서는 상대적으로 무관심했지만, 미래 번영의 씨를 뿌린 것은 그들의 노력을 통해서였다. 결과적으로 생각지 못했던 많은 직업이 생겨났고 생산성과 효율성도 비약적으로 발전했다.

2세대 우주경쟁은 그 본질이 2020년대에 나타나기 시작한 기술 혁명으로부터 이어진 것이지만, 재정적인 측면에서 보자면 오늘날

까지도 19세기 강도 귀족[2]이 거둔 성공을 뛰어넘지 못하고 있다. 인플레이션을 고려했을 때, 2021년경 록펠러의 순자산은 4,000억 달러(약 480조 원) 이상이었다. 억만장자들이 상당한 부를 축적한 글로벌 팬데믹 이후 2022년 초 머스크의 순자산은 약 2,360억 달러(약 283조 원)였다.

머스크, 베이조스, 빌 게이츠Bill Gates, 브랜슨, 그리고 여타 억만장자 대부분은 도금시대 강도 귀족과 다름없다. 그들이 전하는 메시지와 다루는 소재만 다를 뿐이다. 우주 귀족은 세계 경제를 우주로 가져가고, 우주관광을 탄생시키며, 달과 화성에 정착하려는 보다 효율적인 수단으로 새롭게 로켓을 디자인했다. 국가나 민족을 위해서가 아니라. 숭고한 목표로 포장되어 있지만, 현실은 부의 불평등과 가혹한 노동 조건이 만연한 21세기 사회다. 신생 우주 산업에 종사하는 것은 극도로 힘들다. 그러나 수많은 과학자, 엔지니어, 정치인들이 몇몇 우주 억만장자와 손을 잡고 우주를 향한 인류의 첫걸음을 내디뎠다. 그러므로 우주경쟁 열기는 앞으로도 수그러들지 않을 것으로 보인다.

1) 마크 트웨인의 동명 소설에서 유래한 이름으로, 산업화와 공업화의 영향으로 엄청난 양의 부를 축적하는 동시에 갖가지 부정이 잇따라 발생하던 미국의 1865~1890년경을 말한다.

2) 19세기 후반부터 20세기 초반까지 트러스트를 바탕으로 막대한 부를 축적한 미국의 대부호들을 지칭한다.

3...

2...

1..

ELON MUSK, DEEP TIME, AND THE IDEALIZED LEGACY

일론 머스크 딥 타임[3] 이상화된 유산

머스크는 1971년 6월 28일 남아프리카공화국 프리토리아에서 메이 머스크Maye Musk와 에롤 머스크Errol Musk의 아들로 태어났다. 머스크는 프리토이라에서 약 8년간 살며 폭약을 가지고 놀고, 로켓을 만들며, 끊임없이 책을 읽었다. 2017년 〈롤링스톤〉과 인터뷰에서 "책이 나를 키웠다."라고 말한 바 있다.

사람들은 머스크 하면 보통 억만장자로서 전기차와 화성을 포함한 우주탐사에 필요한 재사용 가능 로켓을 개발하고 설계, 생산하는 다수의 기업을 운용하는 책임자로 알고 있다. 하지만 보다 상상력을 발휘해서 표현하면 머스크가 가장 관심을 두는 것은 하드 SF라는 소설 장르에서 중요한 개념인 새로운 세계관, 월드

독일에서 열린 공개 행사에서 모델 3과
모델 Y 시리즈 전기자동차 생산 계획을
발표하는 머스크

3) 미국의 작가 존 맥피가 《분지와 산맥》에서 지질학적 시간의 개념을 도입해 적용한 용어다. 일반적으로 딥 타임(Deep Time)은 수십억 년에 달하는 지질학적 또는 우주의 시간을 말한다.

빌딩[4]이라 할 수 있다. 하드 SF는 이론 물리학이라는 분야에서 기술, 우주여행, 전통적인 철학을 강조해 다루는 SF 장르의 고전 양식이다. 머스크가 어린 시절 가장 좋아했던 책은 아이작 아시모프Isaac Asimov의 《파운데이션》 시리즈다. 《파운데이션》은 어느 먼 미래에 해리 셀던Hari Seldon 수학과 교수가 만들어내는 획기적인 연구를 중심으로 이야기가 펼쳐진다. 셀던 교수는 인류에게 3만 년 동안의 암흑시대가 닥칠 거라고 예언하며, 의식의 빛이 꺼지지 않도록 멀리 떨어진 행성에 여러 식민지를 건설한다. 머스크도 자신의 목적을 변호하기 위해 셀던의 말을 트위터에 자주 인용했다. 머스크는 자신이 만드는 새로운 기술 제국의 목표는 인간을 달과 화성으로 쏘아 올릴 수 있는 발사 시스템을 구축하는 것이라고 말한다. 그 이유는 무엇일까? 여기에 대한 답이 머스크가 남긴 2021년 트윗에 있다. "의식의 빛을 확장하기 위해서"

머스크는 〈롤링스톤〉과 인터뷰에서 아시모프의 책과 에드워드 기번Edward Gibbon의 《로마 제국 쇠망사》를 읽으며 다음과 같은 교훈을 얻었다고 한다. "문명을 지속하고, 암흑

SF 작가이자 생화학자인 아이작 아시모프. 위대한 SF 작가로, 머스크가 가장 좋아하는 인물 중 하나다.

머스크는 고도로 발전된 기술문명을 소재로 하는 하드 SF에 몰두했다(안톤 브레진스키 그림).

4) 가상의 세계를 구성하는 과정으로, 때로는 가상 우주와 연관된다.

↑ | 머스크 아버지 에롤

← | 머스크 어머니 메이, 패션위크 행사장에서

→ | 남아프리카공화국 광산 지대 근처
소웨토에 있는 빈민가 판잣집. 수많은
광부가 비슷한 환경에서 죽을 때까지
산다. 우주 유산의 대가라는 진실의
무게는 견디기 힘들다.

기가 발생할 가능성을 최소화하며, 암흑기가 찾아온다면 그 기간을 줄이도록 노력해야 한다." 머스크는 부모의 이혼으로 개인적 암흑기에 접어들었는데, 그 중심에는 아버지 에롤이 있었다.《일론 머스크: 테슬라, 스페이스X 그리고 환상적 미래의 탐구*Elon Musk: Tesla, SpaceX, and the Quest for a Fantastic Future*》의 저자 애슐리 밴스*Ashlee Vance*는 머스크 가족 모두가 에롤에 대해서는 의견을 같이한다고 말했다.

메이는 2019년에 발표한 회고록《메이 머스크: 여자는 계획을 세운다》에서 에롤이 30대 이전에 백만장자가 되었지만 "신체적, 금전적, 정서적으로 사람을 조종하고 학대

한 인물이었다."라고 썼다. 사실 머스크가 부유층 특권으로 이득을 봤다는 주장들이 있는데, 완전히 터무니없는 말은 아니다.

구체적으로 말하자면, 아파르트헤이트Apartheid[5]가 시행되던 남아프리카공화국에 있는 아버지 소유의 에메랄드 광산이 그것이다. 아버지가 이 광산에서 부를 축적했고, 머스크는 이를 기반으로 성공을 일구었다는 비난이다. 이것이 사실이라면, 머스크는 끔찍하게 비윤리적인 작업 환경에서 일하는 흑인 광산 노동자들을 착취한 자금으로 테슬라, 스페이스X, 그밖에 다른 회사들을 설립했다는 뜻이다. 이는 권력을 향해 달려가는

머스크의 긴 여정에 어두운 그림자를 드리울 것이다. 우리는 성공 이면에 깊숙이 자리한 이 끔찍함을 한번쯤은 진지하게 생각해야 한다. 많은 이들이 매일 트위터 피드에서 '기업가이자 공학자로서 그가 거둔 성과가 조금이나마 인류를 위한 발전'이라며 칭송하더라도 말이다. 하지만 이러한 사실이 머스크의 우주여행에 있어서 큰 걸림돌이 되지는 않을 것이다. 어쨌든 미국과 구소련의 우주 프로그램은 과거에 패전한 제3제국[6] 독일 과학자의 지식과 로켓 기술을 바탕으로 개발되었기 때문이다.

그러나 머스크는 2019년 이 문제를 직접

---

5) 남아프리카공화국의 극단적인 인종차별정책과 제도
6) 1933~1945년 사이 히틀러 치하의 독일

테슬라 로드스터Roadster

언급하며 아버지가 에메랄드로 번 돈과 자신의 성공은 관련이 없다고 강하게 부인했다. 머스크는 트위터에 "아버지는 에메랄드 광산을 소유하고 있지 않으며, 나는 내가 번 돈으로 대학을 다녔기 때문에 결국 10만 달러(약 1억 2,000만 원)의 학자금 대출을 받을 수밖에 없었다. 집투Zip2 창업 당시에도 컴퓨터 두 대를 살 여유가 없어서, 집투 웹사이트는 낮에만 운영하고 밤에는 프로그램을 만들었다."라고 올렸다. 아버지라는 사람과 결별한 후 불안정하게 시작했지만 부지런하게 자신의 길을 개척해 자수성가했다고 해명한 셈이다. 그러나 머스크가 2019년 마지막으로 올린 "이 개소리의 출처는 어디인가?"라고 응수한 트위터 피드는 선을 넘는다. 사람들은 최소한 논리적 필연성에 근거해 반응한다. 에롤이 수익성 좋은 광산 사업으로 큰돈을 번 것과 그의 아들이 '자수성가한' 백만장자의 아이콘이 된 두 가지 일은 관계있다고 볼 수 있기 때문이다. 확실하다고 말할 수는 없지만 말이다.

밴스는 저서에서 머스크 가족이 "에롤은 사업이 성공해 프리토리아에서 아주 큰 집을 소유했고, 사무실 건물, 소매 단지, 주거 구역, 공군 기지와 같은 대규모 건설 프로젝트를 진행했다."라고 말했다. 머스크는 돈이 주는 이점으로 인해 세상을 공학적 관점으로 바라보는 본능이 생긴 것은 분명하다. 또한 에롤은 매우 지능이 높은 사람이었다. 머스크는 〈롤링스톤〉과 인터뷰에서 "아버지는 공학에 특출한 소질이 있다."라고 말했다. 부모가 헤어진 후, 머스크는 아버지와 함께 요하네스버그 교외 론힐로 이사했다. 머스크는 말을 이었다. "나는 선천적으로 공학에 소질이 있는데, 아버지로부터 물려받은 재능이다. 다른 사람이 매우 어려워하는 일이 나에게는 쉬웠다. 한동안 나는 세상만사가 아주 분명해서 내가 아는 걸 사람들이 모두 다 알 거라고 생각했다." 머스크는 타고난 공학적 감각을 아버지에게서 물려받았다. 어떻게 집에 전력이 공급되는지, 회로 차단기나 직류와 교류가 어떻게 작동하는지 아는 일은 집으로 가는 길을 아는 것만큼 쉬웠다. "암페어와 볼트가 무엇인지, 연료와 산화제를 혼합해 폭발물을 만드는 법을, 나는 다른 사람들도 다 알고 있는 줄 알았다." 사람들은 흔히 자신이 지닌 기술을 당연한 것으로 여긴다. 흔치 않은 기술일 경우에도 그렇다.

그러나 아버지와의 결별은 일반적으로 알려진 것보다 머스크에게 더 큰 영향을 미쳤다고 본다. 머스크는 〈롤링스톤〉과 인터뷰에서 아버지에 대해 이렇게 말했다. "그가 얼마나 나쁜 사람인지 당신은 모를 거다. 그는 당신이 생각할 수 있는 거의 모든 범죄를 저질렀고, 당신이 생각할 수 있는 거의 모든 악행을 저질렀다. 음⋯⋯."

결국 아버지와 관계를 끊은 머스크는 집투를 매각해 현금 2,200만 달러(약 264억 원)를 마련한다. 이 돈으로 그는 엑스닷컴x.com이라는 회사를 설립했고, 엑스닷컴은 추후 소프트웨어 회사 컨피니티와 합병해 페이팔로 이름을 바꾼다. 페이팔은 2000년대 후반에 사람들에게 알려졌는데, 그때는 이미 이베이가 약 1억 8,000만 달러(약 2,160억 원)에 페이팔을 인수한 후였다. 더 많은 돈을 마련한 그는 4차 산업혁명의 핵심 기술 몇 가지를 시험할 회사 세 곳을 출범시켰다. 1억 달러(약 1,200억 원)로 시작한 민간 우주 항공 회사 스페이스X, 초기 7,000만 달러(약 840억 원)를 투입해 설립한 자동차 회사 테슬라, 그리고 또 다른 1,000만 달러(약 120억 원) 사업 솔라시티다. 그가 페이팔 매각 수익의 나머지를 챙기고 꼬박 10년이 흐른 후, 스페이스X는 최초의 재사용 가능 비행 시스템의 역사적인 도약을 이뤄냈다.

RICHARD BRANSON, SPACE KNIGHT

우주 기사 리처드 브랜슨

브랜슨은 열기구를 타고 대서양과 태평양을 모두 횡단했다. 브랜슨(가운데)은 1998년 퍼 린스트랜드Per Linstrand (왼쪽), 스티브 포셋Steve Fossett(오른쪽)과 함께 열기구를 타고 세계 일주를 시도하지만 실패했다. (열기구가 이륙하기 전 모습)

브랜슨은 1950년 7월 18일 런던 서리주에서 태어났다. 어린 시절 난독증을 겪은 그는 학교 성적이 좋지 않았다. 버진Virgin 공식 웹사이트에 따르면, 그는 자신의 첫 번째 벤처 사업인 〈스튜던트〉라는 잡지사에서 거래를 성사시킬 때마다 '버진'이라는 이름으로 거래를 했는데, '사업을 해본 경험이 전혀 없었기' 때문이었다고 한다. 훗날 브랜슨은 런던에서 레코드 상점을 열었는데, 이는 1972년 자신의 레코드 레이블, 그 유명한 버진레코드를 설립할 수 있는 충분한 자본을 마련하게 해주었다. 이 레이블에서 발표한 섹스 피스톨스, 크라우트록 밴드 파우스트와 캔의 음반은 발표되자마자 큰 인기를 끌었는데, 이들은 모두 브랜슨의 회사를 통해 세계 음반 시장에 첫 선을 보였다. 그는 1992년 6억 8,300만 달러(약 8,200억 원)를 받고 버진레코드를 EMI에 팔았다.

1984년 브랜슨은 버진애틀랜틱항공을 설립했고, 1999년에는 버진모바일을, 2000년에는 버진블루를 차

"아폴로 11호가 달에 착륙한 순간 나에게 대격변이 일어났다."
— 브랜슨

렸다.

　브랜슨은 심지어 철도 산업에도 투자했다. 버진트레인은 영국철도로부터 국토를 횡단하는 서해안간선 독점 사업권을 얻었다. 이쯤에서 어떤 패턴이 눈에 보인다. 자본주의 체제의 위험에 대비한 포트폴리오를 구성하듯이, 브랜슨의 버진 제국은 다양한 주요 산업 분야로 확장했다. 2004년 나이지리아 국적의 항공사를 설립하고 버진나이지리아라고 이름 붙였다. 뒤이어 2007년에는 미국에서 버진아메리카를 설립했다. 별로 인기는 없었지만, 버진 브랜드로 탄산음료와 보드카도 만들었다. 2021년 기준, 브랜슨의 버진 그룹은 400개가 넘는 기업을 소유하고 있으며, 30개국 이상에 자리한다. 이토록 대담한 브랜슨의 사업 철학이 비행과 공학이라는 물리 세계에서 빛을 발한 것은 1980년대 후반이었다.

　1986년 레이건 대통령 시절, 브랜슨은 버진애틀랜틱챌린저Virgin Atlantic Challenger 2호를 타고 대서양을 횡단했고, 1987년과 1991년에는 열기구를 타고 대서양과 태평양을 각각 횡단했다. 1999년 영국 왕실은 브랜슨이 재계에 특별한 도움을 주었다며 기사 작위를 수여했다. 브랜슨 경은 머스크가 스페이스X를 만든 지 2년 만인 2004년에 버진갤럭

↑ 　브랜슨은 섹스 피스톨스를 유명하게 만든
　　버진레코드의 창립자다.

← 　모하비 사막의 공항 활주로에 진입하기
　　위해 하강하는 스페이스십1

틱을 설립했다.

버진갤럭틱이 공개한 인터뷰에서, 브랜슨은 1969년 미국 항공우주국National Aeronautics and Space Administration, NASA의 아폴로Apollo 11호가 달에 착륙했을 때 크게 감동했다고 말했다. "아폴로 11호가 달에 착륙한 순간 나에게 대격변이 일어났다." 브랜슨은 이때부터 달에 직접 가고 싶다는 열망을 품었다. 그러다가 1986년 우주왕복선 챌린저Challenger호가 발사 직후 폭발해 승무원 7명 전원이 사망한 비극이 발생하며 미국 의회는 NASA에 대한 자금 지원마저 줄이는 상황이 되었다.

이 사건으로 브랜슨의 머릿속은 명확해졌다. 우주로 가려면 직접 나서는 방법밖에는 없었다. 브랜슨은 우선 스케일드컴포지트Scaled Composite라는 회사가 생산하는 재사용이 가능한 준궤도 우주선 스페이스십1SpaceShipOne

을 변형해서 사용하기로 마음먹었다. 버진 그룹의 임원 알렉스 타이Alex Tai가 스케일드컴포지트 격납고를 직접 방문해 우주선을 살펴본 후 발사 시스템으로 선택했다.

원래는 개인 레저용 우주비행을 위해 고안된 시스템이었으나, 브랜슨은 이 시스템이야말로 자신을 우주로 데려다줄 희망이라고 생각했다. 스페이스십1은 모선인 화이트나이트White Knight에 연결되었다가 분리되어 우주의 경계를 향해 쏘아 올려진다. 버진갤럭틱은 이러한 설계법을 써서 5년 내로 스페이스십2를 개발한 후, 1인당 20만 8,000달러(약 2억 5,000만 원)를 낸 3,000명의 승객을 태워서 우주로 보낼 계획을 세웠다. 버진 그룹은 10년 안에 승객 5만 명을 태운다는 목표를 잡았다.

2005년 7월 버진갤럭틱과 스케일드컴

포지트는 더스페이스십컴퍼니The Spaceship Company를 설립하는 계약을 맺었는데, 이 회사를 통해 스페이스십2와 화이트나이트2 등을 선보였다. 뉴멕시코 주지사 빌 리처드슨Bill Richardson은 그해 12월까지 뉴멕시코주 트루스오어컨시퀀시스[7] 근방에 있는 버진갤럭틱 우주선 기지와 본부에 2억 2천 500만 달러(약 2,700억 원)를 투자할 계획이라고 밝혔다. 그 계획을 위해서 27제곱마일(7제곱미터) 정도의 국유지를 사유지로 전환해야 했고, 2009년이나 2010년에 완공을 목표로 했다. 2007년 버진갤럭틱은 스페이스포트아메리카 공항의 터미널과 83,400제곱피트(7,748제곱미터)에 달하는 격납고 공간을 임대했다. 뉴멕시코우주국New Mexico Spaceport Authority, NMSA는 이곳에 버진갤럭틱 시설을 건설하고, 총 2,750만 달러(약 330억 원)의

← 2014년 캘리포니아주 모하비에서 첫선을
보인 스페이스십2

→ 버진 화이트나이트2 모선에 매달린
VSS엔터프라이즈의 저공비행

↓ 비행하는 VSS엔터프라이즈

↑ | VSS엔터프라이즈 잔해를 조사하는 미국
교통안전위원회 요원들

→ | VSS엔터프라이즈 잔해 일부

수익이 날 때까지 20년 동안 시설에 대한 소유권을 주장할 수 있다.

그러나 2007년 7월 26일 엔진 폭발로 스케일드컴포지트 직원 3명, 찰스 글렌 메이Charles Glenn May, 토드 아이븐스Todd Ivens, 에릭 블랙웰Eric Blackwell이 사망하는 사건이 발생하면서 상황은 비극적으로 바뀌었다. 또한 추가로 직원 3명이 생명이 위험할 정도로 다치는 일도 있었다. 버진갤럭틱은 사고의 정확한 원인을 규명하기 위해 스페이스십2에 대한 모든 작업을 약 1년간 중단했다. 결국 엔지니어들은 아산화질소 탱크를 바꾸었다. 2008년 1월 23일 버진갤럭틱은 마침내 스페이스십2와 화이트나이트2 설계를 완성했다. 모하비에서 치명적 폭발 사건이 일어난 지 1년하고도 이틀이 지난 그해 여름, 트윈 동체Double-Fuselage 모선의 이름은 VMS이브Virgin Mother Ship Eve로 바뀌었다. 표면적으로는 브랜슨 어머니에게 경의를 표하는 의미로 이름을 바꿨다지만, 그 비행선 이름을 읽는 방법이 최소 두 개는 더 있어 혼동을 준다. VMS이브는 2008년 12월 21일 처음으로 비행에 성공했다.

대략 2년간의 작업 끝에 VSS엔터프라이즈Virgin Space Ship Enterprise는 2010년 10월 10일 마침내 첫 번째 활공비행Glide-Flight에 성공했다. 이어서 버진갤럭틱은 2012년 10월 스케일드컴포지트가 보유한 더스페이스십컴퍼니의 나머지 지분 30퍼센트를 인수하며, 전체 소유권을 갖게 되었다. 2013년 4월 29일에 VSS엔터프라이즈는 16초 동안 엔진을 연소하며 최초로 시험 동력비행에 성공했다. 이와 동시에 브랜슨은 항공권 예상 가격이 25만 달러(약 3억 원)에 이를 거라고 말했다. 몇몇 사람들은 구체적으로 얼마나 돈이 많아야 우주여행을 갈 수 있느냐를 두고 합리적 의문을 제기했다. 물론 버진갤럭틱은 이러

한 뒷말에 아랑곳하지 않고 2013년 후반과 2014년 초에 두 차례 더 각각 20초씩 시험비행을 진행했다. 3차 시험비행에서는 연소 시간을 1분으로 연장하려고 했으나, 엔진이 진동할 우려가 있어서 시간이 단축되었다.

하지만 또다시 비극이 닥쳤다. 2014년 10월 31일, VSS엔터프라이즈가 로켓 추진 시험비행을 했는데, 모하비 상공에서 선체가 산산조각이 나며 부조종사 마이클 알스베리 Michael Alsbury가 사망했다. 겨우 탈출한 조종사 피터 시볼드Peter Siebold는 간신히 생명은 건졌지만 심각한 부상을 입었다. 훗날 이 사건을 조사한 미국교통안전위원회National Transportation Safety Board, NTSB는 알스베리가 시험비행 초반에 실수로 페더링 재진입 시스템[8]을 너무 빨리 해제한 사실을 찾아냈다.

페더링 시스템은 지구 대기로 재진입하는 동안 상대적으로 매끄럽게 하강하기 위해 사용한다. 알스베리는 동력으로 상승하는 도중에 페더링 시스템을 해제해 잠금장치가 풀리도록 해야 했다. 그렇지 않으면 비행을 중단하고 모하비 공항으로 돌아가야 했다. 그러나 페더링 시스템을 너무 일찍 해제하는 바람에 공기역학적 힘에 급격한 변화가 생겼다. 기체의 두 꼬리 날개는 급격히 상승하는 공기 저항을 견딜 수 없었다. 그렇게 비행을 중단할 시간이 없어졌고, 결국 참사로 이어졌다.

이런 참사에도 굴복하지 않고 버진갤럭틱은 시험을 이어갔다. NASA와 470만 달러(약 56억 원) 계약을 맺어 위성 12개 이상을 궤도로 쏘아 올리는 작업을 진행 중이다. 버진갤럭틱이 고군분투하는 와중에 우주경쟁의 또 다른 주요 경쟁사 블루오리진은 이미 성숙기에 접어들고 있었다. 블루오리진은 버진갤럭틱보다 4년 전에 설립되었으며, 머스크의 억만장자 라이벌 베이조스가 이끌고 있다.

3

JEFF BEZOS AND THE EMPIRE OF DREAMS

제프 베이조스와 꿈의 제국

유명 기업가이자 e커머스의 선구자인 베이조스는 1964년 1월 12일 뉴멕시코주 앨버커키에서 태어났다. 당시 10대였던 그의 부모 재클린 자이스 요르겐센Jacklyn Gise Jorgensen과 테드 요르겐센Ted Jorgensen은 베이조스가 태어난 1년 뒤에 이혼했고, 어머니는 쿠바 출신 이민자 마이크 베이조스Mike Bezos와 재혼했다.

어린 시절 베이조스는 외할아버지의 텍사스 목장에서 자주 여름을 보내며 자신을 둘러싼 환경에 매료되었다. 1999년 〈와이어드〉에서 베이조스의 그 시절을, "그의 외할아버지는 교육용 게임과 장난감으로 제프의 관심을 끌었고, 제프가 히스키트나 다른 자잘한 물건을 가져오면 함께 만져보고 조립하며 시간을 보냈다."라고 설명했다. 히스키트는 아이들이 전자제품을 만드는데 쓸 수 있는 DIY 키트다. 베이조스는 차고를 개인 실험실로 개조했고, 히스키트를 조립하며 얻은 지식을 활용해 집 안의 전기 회로를 실험하기도 했다.

〈와이어드〉에는 다음과 같은 설명이 이어진다. "그는 부품을 늘어놓고 로봇을 구상했다. 또 태양열로 요

2021년 7월 블루오리진 승무원 올리버 데이먼Oliver Daemen(왼쪽), 윌리 펑크Wally Funk(왼쪽에서 두 번째), 동생 마크(오른쪽)와 함께한 제프 베이조스(오른쪽에서 두 번째)

리하는 시험을 위해 우산 뼈대에 알루미늄 포일을 감싸기도 했다. 오래된 후버 진공청소기를 변형해 엉성하게 호버크라프트[9]를 제작했다." 우주비행사가 꿈이었던 아이들은 10대가 되면 대부분 우주나 공상과학에 관한 책과 영화를 보는 것으로 꿈을 대신한다. 베이조스도 비슷했지만 그는 어릴 적 꿈을 기업가의 개척 정신에서 찾았다. 즉 유능한 군인이 되어 NASA에 들어간 다음 우주비행사가 되는 전통적인 길을 선택하지 않고, 엄청난 돈을 벌어서 꿈을 이뤘다. 베이조스는 10대를 마이애미에서 보내며 졸업생 대표로 고등학교를 졸업했다. 이 시기에 첫 번째 회사 드림인스티튜트The Dream Institute를 설립했는데, 초등학교 4~6학년 학생을 대상으로 여름 학

습 캠프를 운영하는 회사였다. 이후 프린스턴 대학에서 컴퓨터과학 및 전기공학을 전공했고, 1986년 수석으로 졸업했다. 아이비리그 졸업장을 손에 쥔 베이조스는 월스트리트에서 일하기 시작했다.

베이조스는 피텔, 뱅커스트러스트, 디이쇼 등 월스트리트의 여러 회사에서 근무했다. 그는 디이쇼에서 초고속 승진을 이어가며 1990년 최연소 수석 부사장 자리에 앉기도 했다. 하지만 더 큰 야망을 품고 있었던 베이조스는 1994년 회사를 그만둔다. 그는 시애틀로 거처를 옮긴 후, 시작은 온라인 서점이었지만 10년 후에는 세계에서 가장 막강한 경제 세력 중 하나가 될 아마존닷컴을 설립했다. 이는 베이조스 제국 건설의 서막에

불과했다.

베이조스는 1995년 7월 16일 차고에서 웹사이트를 디자인하는 프로그래머 몇 명과 함께 아마존을 설립했고, 나중에는 침실 두 개짜리 집으로 규모를 넓혔다. 시작은 이렇듯 변변치 않았지만, 아마존닷컴은 무서운 속도로 성장하기 시작했다. 언론 홍보가 전혀 없는 상태에서, 처음 한 달 동안 미국 전역과 다른 45개국에서 책을 팔았고, 두 달 후 매출은 주당 2만 달러(약 2,400만 원)까지 폭발적으로 증가했다. 베이조스 조차 깜짝 놀란 결과였다. 물론 아마존이 1990년대 말 닷컴버블[10] 붕괴 사태에서 살아남지 못했다면, 아마 그의 우주여행도 존재하지 못했을 것이다. 아마존은 파산을 피했고, 1995년 수익이

9) 선체 아랫면에 압축공기를 분사해 지상이나 수상에서 약간 떠서 이동하는 수륙 양륙 배

10) 1995년~2000년에 걸쳐 인터넷 관련 분야에 거대한 거품이 낀 경제 위기

51만 달러(약 6억 1,200만 원)에서 2011년 170억 달러(약 20조 원) 이상으로 급증하며 놀랍게 성장했다.

베이조스는 심지어 2013년에 〈워싱턴포스트〉를 인수하여 미국에서 가장 영향력 있는 미디어 회사 중 하나를 얻게 되었다. 또한 2017년에는 유기농 음식과 채식 음식을 전문으로 취급하는 유명 식료품점 홀푸드를 사들였다. 베이조스는 2021년 3분기에 아마존 CEO 자리에서 물러난다는 공식 선언을 했다.

2000년에 블루오리진을 설립한 이후로, 베이조스는 자신의 우주항공 회사에 관한 일 대부분을 비밀에 부쳤다. NASA와 연방항공청Federal Aviation Administration, FAA의 요구가 있을 때만 간헐적으로 공개할 뿐이었다. 2010년 초 베이조스가 블루오리진의 뉴셰퍼드 로켓을 개발하고 있는 것이 대중에게 알려졌지만, 드러난 사실은 극히 드물었다. 뉴셰퍼드에 우주비행사가 3명 이상 타서 준궤도 고도까지 비행할 것이다. 그리고 블루오리진은 우주비행사 탈출 시스템과 스페이스 캡슐 프로토타입(시제품) 구조 테스트를 위해 NASA로부터 270만 달러(약 32억 4,000만

원)를 지원받았다는 사실 정도였다.

블루오리진 수석 엔지니어에서 프로그램 관리 책임자가 된 게리 라이Gary Lai는 2010년대 초반 콜로라도주 볼더에서 열린 차세대 준궤도연구자회의Next-Generation Suborbital Researchers Conference에서 이렇게 말했다. "우리가 유명한 것이 있다면…… 그것은 침묵을 지킨 일이다." 블루오리진이 2006년 11월부터 고다드Goddard 로켓을 여러 번 시험발사한 지 약 3년 후에 나온 말이다. 고다드 로켓은 뉴셰퍼드 프로그램의 초기 발사체로, 수직이착륙Vertical Takeoff and Landing, VTOL 시스템을 이용해 경쟁력 있는 가격으로 사람을 주기적으로 우주로 쏘아 올릴 예정이었다. 2009년 11월 블루오리진은 준궤도 로켓에 실을 수 있는 페이로드Payload[11]를 알아보기 위해 세 가지 연구 자료를 선별했다. 첫 번째는 센트럴플로리다대학 조수아 콜웰Joshua Colwell이 실행한 〈천체물리학의 먼지 환경에 대한 미세중력〉 실험이고, 두 번째는 퍼듀대학의 스티븐 콜리컷Stephen Collicott이 주도한 〈마이크로 중력의 3D 임계 습윤〉 실험이다. 세 번째는 루이지애나주립대학의 존 포이먼John Pojman이 이끄

는 〈효과적 표면장력 유도 대류〉 연구였다.

뉴셰퍼드는 고다드보다 크기가 훨씬 클 거라는 예상이 지배적이었다. 뉴셰퍼드는 최초의 미국인 우주비행사 앨런 셰퍼드Alan Shepard의 이름을 따서 지어졌다. 블루오리진의 첫 번째 임무용 로켓 뉴셰퍼드는 앨런 셰퍼드가 프리덤Freedom 7호에 타고 준궤도 고도까지 올라간 NASA의 머큐리 계획Project Mercury[12]을 떠올리게 한다. 그러나 블루오리진의 계획은 83피트(25.5미터)짜리 1단 로켓을 준궤도로 발사하는 방법을 쓰는 NASA의 머큐리 계획과는 다르다. 머큐리-레드스톤 로켓Mercury-Redstone Launch Vehicle이라고 불리는 NASA의 유인 우주선은 액체 산소와 알코올의 혼합물을 태워 약 7만 5,000 파운드중량(334킬로뉴턴)의 추진력을 발생시켰다. 특히 이 우주선의 디자인은 제2차세계대전 당시 영국 대공습 동안 런던을 강타한 독일의 V-2 로켓에서 따왔다.

뉴셰퍼드는 BE-3 액체 수소와 액체 산소 엔진으로 동력을 생산하며, 길이는 59피트(18미터)로 머큐리-레드스톤보다 훨씬 짧다. 뉴셰퍼드의 승무원 캡슐에는 지구 모습을 볼

11) 발사체에 유료 탑승하는 피운송 화물 전체를 말한다.
12) 미국 항공우주국의 1인승 우주선 비행 계획

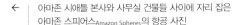
← | 아마존 시애틀 본사와 사무실 건물들 사이에 자리 잡은 아마존 스피어스Amazon Spheres의 항공 사진

→ | 블루오리진 로켓이 이름을 딴 선구적 로켓 과학자 로버트 H. 고다드Robert H. Goddard

→ | 우주로 간 최초의 미국인 우주비행사이자 블루오리진의 첫 번째 로켓 뉴셰퍼드와 이름이 같은 앨런 셰퍼드

이륙하는 블루오리진의 뉴세퍼드

수 있는 큰 창문이 있다. 부스터(추진 로켓)가 유도 수직 착륙을 하며 지면으로 복귀하는 동안, 승무원 캡슐은 1단 로켓에서 분리된 후 가장 높은 위치에 다다를 때까지 계속 운항한다. 우주비행사 6명을 태울 수 있는 이 승무원 캡슐은 그렇게 잠시 무중력 상태를 경험한다. 이후 안전하게 착륙하기 위해 하이브리드 낙하산과 역추진 로켓 시스템을 사용하여 다시 대기권으로 진입한다.

15년 동안 거의 비밀리에 개발된 블루오리진의 뉴셰퍼드 우주선이 텍사스 발사장에서 처음으로 발사와 착륙에 성공했다. 2015년 11월 23일 동부 표준시로 오후 12시 21분, 뉴셰퍼드는 11만 파운드(490킬로뉴턴)의 추진력을 배출했다. 속도는 마하 3.72를 달성했으며, 최대 고도 32만 9,839피트(100.5킬로미터)까지 도달했다. 승무원 캡슐이 분리되고, 부스터가 수직 착륙을 시도했다. 드디어 로켓이 시속 7.1킬로미터의 여유로운 속도로 순조롭게 착륙하자 관제센터에서는 '완벽한 착륙'이라고 찬사를 보냈고, 이 순간은 유튜브를 통해 생중계되었다. "우리는 오늘 역사를 만들었다. 자, 우주로 가고 싶은 사람은 누구인가?" 블루오리진은 지구상에서 최초로 로켓 VTOL에 성공한 독립 기관 중 하나가 되었다. 그때까지만 해도 로켓 VTOL은 많은 사람이 순전히 공상과학에서만 가능한 일이라 여겼던 기술이었다. 물론 뉴셰퍼드가 VTOL에 성공한 최초의 로켓은 아니다. 1996년 맥도넬더글러스McDonnell Douglas의 로켓 DC-X는 약 1만 200피트(3,109미터) 상공까지 올라갔다가 문제없이 착륙했다. 그리고 스페이스X의 그래스호퍼Grasshopper 로켓도 2013년에 2,441피트(744미터)까지 상승했다가 텍사스 중부에 무사히 착륙했다. 베이조스는 이 역사적 사건에 대해 첫 트윗을 올렸고, 이는 트위터버스[13] 전역에서 파문을 일으켰다.

하지만 머스크를 필두로 한 우주 귀족 드라마의 서막이 오르며, 베이조스가 이룬 업적의 중대함은 그다지 오래가지 못했다.

↑ | 승무원 캡슐 발사 후 수직 착륙한 뉴셰퍼드 부스터

→ | 1994년 VTOL에 성공한 맥도넬더글러스의 재사용 가능 발사체 DC-X의 구상도

13) 트위터와 우주를 합성한 말로 트위터 사용자 세상이라는 뜻

THE LONG ROAD TO REUSABILITY

재사용 가능성을 향한 긴 여정

우주 산업은 NASA의 고도로 발달한 공학적인 측면에서 저비용, 재사용 가능 로켓으로 초점이 맞춰지기 시작했다. 그러나 2015년 11월 말까지도 스페이스X의 팰컨Falcon9 로켓은 개발 중인 상태였다. 머스크는 그가 온라인에서 가장 잘하는 일, 트롤링14을 했다. 11월 24일 트위터를 통해 "베이조스와 블루오리진 팀이 부스터 VTOL에 성공한 것을 축하한다."라고 말했다. 그러나 같은 날 성공적 VTOL의 중요성에 대해 한 수 가르치려는 태도로 또 다른 트윗을 올렸다. "하지만 왓이프What IF15만 둘러봐도 알 수 있는 '우주'와 '궤도'의 차이를 명확히 하는 것이 중요하다."라고 트롤링했다. 머스크는 베이조스가 준궤도 비행을 했기 때문에 정작 핵심인 지구궤도에 안착하기 위해 필요한 로켓 가속 능력은 검증하지 못했다고 비꼰 것이다.

스페이스X의 팰컨9는 2016년 4월 8일 케이프 커내버럴에서 발사된 후 약 200마일(322킬로미터) 떨어진 연안으로 해상 수직 착륙에 처음으로 성공했다.

14) 온라인에서 고의로 불쾌하게 논쟁적인 내용을 퍼뜨리며 시비를 거는 행위

15) 과학적 아이디어에 대한 일반적 질문을 분석하는 온라인 블로그

그 당시만 해도 스페이스X는 팰컨9 부스터를 해상 기지 플랫폼에 착륙시키려 했으나 성공하지 못했다. 스페이스X 부스터는 2015년 12월 처음으로 착륙에 성공했으며, 2016년 4월에는 바다 위 로켓 착륙용 무인 선박 즉 드론 선박에 착륙했다. 그러나 머스크는 팰컨9 로켓이 블루오리진의 뉴셰퍼드를 압도적으로 능가한다는 말을 하고 싶었던 것이다. 팰컨9 로켓은 이미 페이로드를 궤도까지 올렸고, 일부는 지구 표면에서 약 2만 2천 마일(3만 5,406킬로미터) 떨어진 정지궤도까지 쏘아 올렸다는 이유였다. 그리고 머스크는 트위터 스레드를 하나 만들었다. 여기에 로켓 발사의 맥락적 물리학을 설명하고, 팰컨9에 달린 멀린Merlin 엔진 9대가 뉴셰퍼드의 BE-3 엔진보다 훨씬 더 강력하다고 밝혔다. 엔진의 순수한 추진력으로만 따졌을 때는 머스크의 말이 옳았다. 멀린 엔진 하나만 해도 대략 21만 파운드중량(934킬로뉴턴)의 추력을 만들어내기 때문이다. 반면 뉴셰퍼드에 장착되는 단일 BE-3는 추력 최대치로 11만

150파운드중량(490킬로뉴턴)를 기록했다. 머스크는 자신의 로켓 크기를 자랑하고 있었다.

베이조스는 블루오리진의 첫 VTOL 성공 이후 개최한 원격 언론 인터뷰에서 다음 세 가지 근거로 머스크의 주장을 반박했다. 우선 머스크의 팰컨9 부스터도 현재 궤도에 도달하지 못한다. 이러한 관점에서 봤을 때, 스페이스X 역시 탄도의 한계점을 넘기지 못했다는 뜻이다. 팰컨9 로켓 역시 우주에서 감속 연소를 실행하여 대기권 재진입 속도를 낮추는데, 이는 뉴셰퍼드가 더욱 저항이 심한 대기권 재진입 영역을 견딘다는 뜻이다. 끝으로 베이조스는 "착륙에서 가장 어려운 부분은 아마도 최종 착륙 구간일 것이다."라고 착륙 후에 로켓을 똑바로 세우는 데 문제가 발생했던 스페이스X를 비꼬았다.

이 일을 계기로 베이조스와 머스크는 서로를 깎아내리고 창피를 주기 시작하는데, 남자들끼리 주고받는 농담이라기엔 그 내용이 심오하다. 진정으로 재사용 가능한 로켓 시스템을 개발하는 것은 실패와 새로운 도전

으로 가득한 길고도 힘든 투쟁이었다. 기복이 심한 블루오리진의 발전 상황을 베이조스가 비공개로 유지한 이유는 쉽게 짐작할 수 있다. 하지만 머스크의 성격에 변치 않을 특징이 하나 있다면, 부드러운 말투에 내성적 태도와는 대조적으로 주목받는 것을 매우 좋아한다는 점이다. 예사롭지 않은 그의 이중성에 걸맞게, 스페이스X의 로켓 개발 이야기는 감추는 듯하면서 드러났고 자랑하지 않는 듯 뽐낼 것은 다 뽐냈다. 머스크는 2002년 비행 후 교체하지 않아도 되는 중요한 엔진 부품을 만들고, 2004년 이에 대한 특허를 신청했다. 이로써 머스크가 2세대 우주경쟁에서 단단히 한몫한다는 사실을 증명했다. 스페이스X는 특허장에 재사용 가능한 로켓이 '비용 절감 면에서 매우 바람직하기 때문에 2세대 우주경쟁의 핵심 개념이다'라고 써넣었다.

머스크와 엔지니어들은 거의 10년간 함께 일하며 첫 번째 시험발사체인 그래스호퍼의 Grasshopper 실제 발화 시험을 준비했다. 102피트(31미터) 높이의 프로토타입은 팰컨9 로

← 2015년 9월 케이프 커내버럴에서 열린 기자회견, 박수를 보내는 릭 스콧Rick Scott 플로리다 주지사 옆에서 베이조스(왼쪽)가 블루오리진의 로켓을 발표하고 있다.

→ 2014년 4월 18일 팰컨9는 드래곤 CRS-3 우주선을 싣고 ISS에 물품을 재보급하는 임무를 위해 케이프 커내버럴에서 이륙했다.

오비탈사이언스Orbital Sciences Corporation
의 안타레스 로켓은 2014년 10월 28일
NASA 월롭스 비행 시설에서 발사된 직후
폭발했다.

켓의 원형 역할을 했던 빈 탱크를 사용해 제작했다. 신중을 기한다는 측면에서, 머스크는 팰컨9를 시험하기 전에 소형 그래스호퍼 로켓으로 VTOL을 시도했고, 그래스호퍼는 2012년 9월 21일 우주여행의 미래를 향해 첫 도약을 했다. 하지만 0.5마일(805미터)밖에 상승하지 못했는데, 스페이스X의 시험발사를 허가한 FAA가 높이를 제한했기 때문이었다.

머스크와 스페이스X는 텍사스주 맥그리거에 있는 비교적 작은 발사 시설에서 시험 비행을 지속적으로 진행했다. 이를 통해 로켓 기술을 향상할 다양하고 귀중한 자료를 수집했다. 2010년대 초, 스페이스X의 하드웨어는 1990년대 맥도넬더글러스의 로켓과 매우 유사했기 때문에 획기적이라고 말할 순 없었다. 그러나 스페이스X는 차근히 단계를 밟아가며 로켓을 발사할 때와 지구로 돌아올 '매우 정밀한 하강 타이밍' 파악에 필요한 소프트웨어를 개발하고 있었다. 자율 발사 시스

템 구축이라는 벅찬 도전은 모든 단계를 무작위로 끊임없이 시험하게 했고, 그래스호퍼는 2013년 10월 마지막 비행을 했다.

다음은 팰컨9 재사용 가능 로켓 차례였다. 이 로켓은 더 높이 날고 제자리를 맴돌도록 특별하게 설계되었다. 프로토타입은 131피트(40미터) 높이의 2세대 발사체 탱크를 사용해 제작되었으며, 스페이스X 착륙의 주요소가 될 접이식 착륙 다리가 특징이었다. 2014년 5월 팰컨9는 공중으로 0.62 마일(1킬로미터)을 날아올랐다가 발사대에 착륙했다. 그러나 작은 성공 뒤에 불상사가 뒤따랐다. 그해 8월 팰컨9가 예정된 이륙을 한 후 항로를 벗어난 것이다. 시골이나 주거지 근처에서 이루어지는 이러한 시험발사는 로켓이 지정된 시험 지역을 벗어나면 자폭하는 자동화 소프트웨어를 갖추고 있다. 이것이 2014년 8월 발사에서 일어난 일이다.

이때 시험비행은 센서가 막히며 오류가

발생했다. 공중에서 멋지게 터지는 불꽃놀이를 상상하면서 우주 로켓을 만드는 사람은 없지만, 개발 과정에서는 일이 잘못되는 경우가 빈번하다. NASA와 소련의 우주 프로그램이 벌인 1세대 우주경쟁 초기에, 각국의 우주비행사는 그들이 궁극적으로 탑승하게 될 우주선의 여러 프로토타입이 이륙 직후 발사대에서 폭발하거나 뒤집힌 채로 땅에 떨어지는 모습을 두려워하며 지켜보았

↑ 　팰컨9의 접이식 착륙 다리의 근접 사진. 발사장 복귀와 수직 착륙에 성공한 최초의 궤도급 로켓 팰컨9는 캘리포니아주 호손에 있는 스페이스X 본부 밖에 영구 전시되고 있다.

← 　팰컨9의 접이식 착륙 다리가 작동하는 모습. 팰컨9는 2017년 5월 1일 NROL-76을 궤도에 올려놓은 후 케이프 커내버럴에 착륙했다.

→ 　2016년 4월 8일, 팰컨9가 드론 선박 '물론 여전히 널 사랑하지' 위로 처음 수직 착륙에 성공했다.

다. 2014년 NASA의 안타레스Antares 발사는 로켓이 하늘에 닿기도 전에 폭발하는 치명적 실패를 겪기도 했다. 하지만 스페이스X와 그 경쟁자들이 1세대 우주경쟁의 주인공들에 비해 유리한 점 하나는 인간을 시급히 우주로 보낼 필요가 없다는 것이다. 즉 화물을 실은 우주선으로 충분히 시험해볼 수 있다는 뜻이다.

스페이스X 엔지니어는 2013년 NASA와의 인터뷰에서 다음과 같이 말했다. "스페이스X는 시험, 시험, 시험, 시험, 또 시험을 기반으로 만들어졌다. 우리는 비행하며 시험한다." 이 문장은 로켓 재사용의 핵심 개념이다. 즉 위성과 화물선 발사로 꾸준히 수입을 창출해서, 그리드 핀Grid Fin[16]과 착륙장치 같은 새로운 장비의 시험과 1단 로켓 회수 같은

초기 기술 시험을 이어갈 수 있다는 논리다. 안전상의 이유로, 로켓은 일반적으로 발사 구역 인근 주민들의 위험을 최소화하기 위해 미국 해안경비대가 허가한 공해 상공 위로 발사된다. 기후 온난화가 급속히 진행되는 21세기 상황에서 재사용 가능성과 지속 가능성이라는 관점 사이에 중요한 연결고리가 생겼다. 하지만 스페이스X의 이미지와 상징성을 살펴보기 전에, 먼저 스페이스X의 주요 성과에 주목할 필요가 있다.

스페이스X는 2013년 9월 23일 첫 번째 공식 상업 미션을 수행했는데, 카시오페Cassiope라는 캐나다 위성을 쏘아 올리는 것이었다. 위성은 무사히 궤도에 안착했고, 엔지니어들은 1단 부스터가 통제 불능 상태로 바다에 빠지기 전에 해상 착륙 능력을 시험했

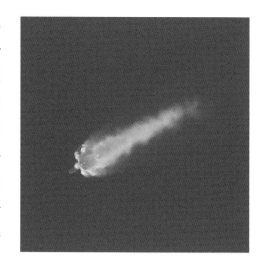

↑ 2015년 6월 28일 일요일, 궤도를 선회하는 ISS에 7번째로 CRS 미션을 수행한 스페이스X 팰컨9 로켓이 케이프 커내버럴의 40번 발사장에서 발사된 후 분해되었다.

↓ 팰컨9의 1단 로켓이 2017년 4월 4일 플로리다주 포트 커내버럴에 도착하는 모습. 드론 선박 '물론 여전히 널 사랑하지'가 상륙정 플랫폼에 실려 있다.

---

16) 로켓의 방향을 조정해 주는 격자 날개

다. 이듬해, 팰컨9 재사용 가능 로켓을 최초로 시험한 다음 날인 2014년 4월 18일, 스페이스X는 팰컨9 꼭대기에 CRS[17]-3을 실어 발사했다. 접이식 착륙장치를 갖춘 최초의 상업용 재사용 가능 로켓이었다. 1단 로켓은 바다로 하강하며 훌륭히 착륙했지만, 부유식 플랫폼에 착륙하지 않고 물에 떨어졌다. 이것은 의도된 상황이었으며, 부스터는 포트로 견인되었다.

2014년 7월 14일 스페이스X 팀은 오브컴Orbcomm 위성을 2단 로켓에 실어 우주로 발사한 후 착륙장치를 사용해 착륙을 제어하려고 했다. 수면 위에 부드럽게 착륙한 후, 로켓은 옆으로 넘어지며 최종적으로 안전한 상태가 되었다. 이는 예인선이 포트로 회수할 수 있도록 거의 수평에 가까운 상태를 말한다. 하지만 유감스럽게도, 물에 추락하며 받은 충격으로 선체가 손상되어 깊은 바닷속으로 가라앉게 되었다. 그러나 스페이스X는 이미 이 비행에서 수집할 수 있는 모든 데이터를 확보했고, 부스터의 손실을 일으킨 오류를 수정할 계획을 세웠다. 또한 이 시험을 통해 '팰컨9 부스터가 극초음속을 일관되게 유지하며 우주에서 대기권으로 재진입할 수 있고, 주엔진을 두 번 재시동할 수 있으며, 착륙장치를 이용해 정지에 가까운 상태로 착륙할 수 있음'을 확인한 것에 만족했다.

이어진 CRS-4 위성의 발사에는 착륙

17) NASA의 화물 운송 사업인 상업용 재보급 서비스, Commercial Resupply Service의 약자

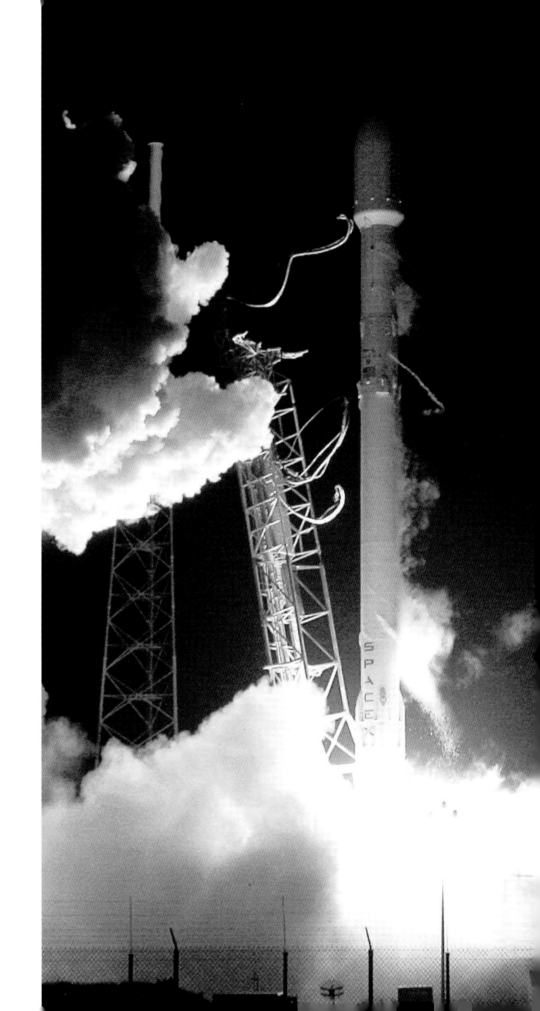

오브컴-2를 실은 팰컨9가 케이프 커내버럴에 있는 스페이스X 발사대에서 이륙하고 있다.

장치가 포함되지 않았는데, 국제우주정거장 International Space Station, ISS까지 훨씬 높은 고도로 발사하면 하강할 때 무사히 착륙하기 위해 연료를 과도하게 써야 하기 때문이었다. 그러나 2014년 9월 21일, 1단 부스터가 옆으로 넘어지기 전에 제어 착륙에 성공했다. 스페이스X의 재사용 가능 로켓 프로그램의 가장 독특한 점은 팰컨9 로켓의 1단 부스터를 '받아내기' 위해 자율 드론 선박을 이용한다는 것이다. 우주 계획은 방해 요소가 없는 고립 상태에서 단독으로 이룰 수는 없다. 게다가 드론 선박을 이용하는 머스크의 아이디어는 재사용 가능한 로켓 시스템 전반에 매우 중대한 영향을 미쳤다. 이에 블루오리진과 스

페이스X는 '해상 기반 회수 개념'이 서로 자신의 것이라고 주장하며 2014년 법적 분쟁을 벌이기도 했다.

블루오리진은 이미 2010년에 해상 기반 착륙 플랫폼에 대한 특허를 따냈지만, 스페이스X는 블루오리진의 기술력을 뛰어넘었다. 블루오리진의 특허 이미지를 보면, 머스크의 드론 선박과 유사성이 두드러진다. 하지만 스페이스X는 2014년 후반 블루오리진을 제치고 실제로 드론 선박을 건조하며 기선을 제압했다. 태평양과 대서양에 드론 선박 두 척을 각각 배치했고, 머스크가 좋아하는 공상과학 시리즈인 《게임의 명수》에 등장하는 인공지능 우주선에서 이름을 땄다. 태평

양에 배치된 드론 선박의 이름은 '설명서 좀 읽어라Just Read the Instructions'이고, 대서양에 배치된 드론 선박의 이름은 '물론 여전히 널 사랑하지Of Course I Still Love You'이다.

2015년 1월 10일, 스페이스X는 팰컨9 로켓을 드론 선박에 착륙시키는 첫 시도를 진행했다. 팰컨9는 CRS-5를 궤도로 올렸지만, 그리드 핀을 제어하는 기체 유압 장치의 유체를 소진했다. 팰컨9는 결국 착륙 전에 폭발하며 비행을 끝냈다. 자가 안전 유지 장치가 없었기 때문에, 팰컨9는 목표 선박을 빗나가며 산산조각났다. 그해 4월 14일이 되어서야 스페이스X는 드론 선박 착륙에 다시 도전했다. 팰컨9는 CRS-6을 독자 생존이 가능

← 2016년 1월 16일, 제이슨3 우주선을 탑재한 팰컨9가 반덴버그 공군기지 우주발사단지 동쪽 4 발사장에 있다. 제이슨3은 미국 해양대기청이 이끄는 국제 미션이다.

→ 텍사스주 맥그리거에 있는 스페이스X 로켓 개발 및 시험 시설에서 촬영된 스페이스X의 시험용 로켓 그래스호퍼

한 ISS 랑데부[18] 궤도에 진입시킨 후, 1단 부스터는 순조롭게 하강했다. 느린 스로틀 밸브throttle valve[19] 속도 때문에 배기 추진체가 너무 오래 발화해 기체 측면이 필요 이상으로 움직인 점만 제외하면 거의 완벽한 하강이었다. 하지만 이러한 스로틀로 인한 문제 때문에 부스터는 힘없이 옆으로 기울었다. 머스크는 '폭발했다'라고 말하는 대신 "계획과는 달리 빨리 분해됐다."라고 표현했다. 적어도 예상 가능한 실패에 관해서라면 머스크가 유머 감각을 잃지 않았다. 하지만 이번 문제는 스페이스X와 머스크가 상당히 오랜 시간 공을 들여왔던 문제였다.

일례로, 2015년 6월에 팰컨9 내부 헬륨탱크를 지탱하는 지지대 하나가 비행 중에 부서지며 연쇄 반응을 일으킨 사건이 있었다. 머스크는 다음 달 기자들과의 통화에서 "지지대 중 하나에 결함이 생겨 헬륨탱크를 하부에 고정할 수 없었고, 그래서 헬륨탱크가 위를 향해 빠른 속도로 떠올랐을 것이다."라고 말했다. 헬륨탱크가 꼭대기에 부딪혔을 때, 엄청난 폭발을 일으키며 비행이 종료되었고, 로켓 전체와 페이로드가 파괴되었다. 스페이스X는 6개월 동안 이 문제를 바로잡기 위해 노력했다. 그리고 2015년 12월 말, 로켓 가동을 재개하며 오브컴 위성들을 발사했다. 페이로드는 음속으로 이동하며 지구 표면으로부터 62마일(100킬로미터) 떨어진 상공에서 전달되었다. 뒤이어 팰컨9 로켓은 스페이스X 창사 이래 최초로 바다가 아닌 육지에 착륙을 시도했다.

놀랍게도 로켓은 밤의 어둠을 헤치고 무사히 착륙에 성공했다. VTOL 로켓이 인공위성을 궤도에 올린 후 곧바로 하강하며 지구로 안전하게 귀환한 것은 역사상 처음 있는 일이었다. 이것은 매우 중요한 사건이었다. 스페이스X가 우주에 페이로드를 전달하고 지구로 귀환할 수 있는 운용 발사 시스템을 공식적으로 설계한 것이기 때문이다. 안전한 착륙을 위해 자체 동력을 이용하고 자율 유도 장치를 써서 수직으로 하강하는 것이 핵심이었다. 가상에서나 볼 수 있었던 일이 다시 한번 우리 눈앞에서 벌어지고 있었다.

이 성공에 힘입어 스페이스X는 몇 주 후 2016년 1월 7일에 또 다른 착륙을 목표로 삼

---

18) 우주공간에서 두 물체가 가까운 거리에서 비슷한 속도로 움직이면서 서로 궤도를 맞추는 것을 말함

19) 원판을 회전시켜 관로를 여닫음으로써 마찰로 유압을 낮추는 데 사용되는 밸브

2016년 3월 4일, 케이프 커내버럴에서
SES-9 통신 위성을 실은 스페이스X의
팰컨9 로켓이 성공적으로 발사되었다.

> **"엄밀히 말하면 착륙을 하긴 했다. 온전한 형태가 아니긴 했지만."**
>
> — 머스크

이전에 비행한 1단 로켓의 엔진을 사용한 팰컨9 로켓이 2017년 3월 30일 케네디우주센터에서 발사된 후, 머스크 (왼쪽)가 SES의 최고기술책임자 마틴 할리웰Martin Halliwell과 악수하고 있다.

았다. 이번에는 제이슨Jason-3이라는 페이로드를 궤도에 배치한 후, 자율 드론 선박에 착륙할 예정이었다. 그러나 착륙장치가 착륙장에 닿은 후, 착륙 다리 하나가 제자리에 고정되지 못했고, 이전 로켓들처럼 옆으로 고꾸라지며 폭발하게 되었다. 스페이스X의 착륙 시도가 결국 폭발로 끝나는 장면을 이어서 편집한 영상이 소셜 미디어에 쏟아져 나왔다. 그러나 머스크와 스페이스X는 실패한 착륙 시도를 모두 담은 슈퍼컷[20]에 〈궤도 로켓 부스터가 착륙에 실패하는 법〉이라는 이름을 붙여 공개했다. 약점을 강점으로 활용하려는 의지였다.

〈계획과는 다른 빠른 분해〉 영상 중 하나에는 "엄밀히 말하면 착륙을 하긴 했다. 온전한 형태가 아니긴 했지만."이라는 자막이 폭발 장면 아래에 쓰여 있었다. 2016년 3월 팰컨9는 위성 하나를 지구 정지궤도로 보냈다. 정지궤도로 보내면 기본적으로 위성 아래 지구의 지리적 위치에 맞춰진다. 페이로드 SES-9였는데, 고도 2만 2,000마일(3만 5,406킬로미터)의 궤도를 돌 예정이었다. 스페이스X가 해봤던 임무였지만, 착륙을 염두에 두고 수행한 적은 없었다. 이는 특히 어려운 작업이다. 지구 정지궤도 위성은 다른 위성들보다 대부분 수만 마일 더 높은 궤도에 진입해야 해서 상승에 필요한 에너지와 연료가 몇 배는 더 든다. 그 결과 하강에 필요한 연료가 부족하게 된다. 2016년 3월 발사의 경우, 팰컨9 로켓은 착륙을 시도하며 안전 속도로 감속하지 않아서 화염에 휩싸이게 되었다.

그러나 바로 다음 달인 2016년 4월 8일, 스페이스X는 마침내 해냈다. CRS-8을 궤도에 올린 후, 팰컨9 부스터는 짙푸른 하늘에서 내려와 엔진을 재점화하고 드론 선박 중심에서 불과 1미터쯤 떨어진 자리에 완벽하고 우아하게 착륙했다. 스페이스X는 유튜브 채널에 360도 영상을 공유했다. 이로써 열광적 지지자와 많은 사람들이 그 역사적 최초의 순간을 바로 눈앞에서 경험할 수 있었다. 그해 5월 스페이스X는 다시 도전에 나섰는데, 2만 마일(3만 2,187킬로미터) 높이의 지구 정지궤도에 위성을 전달한 후 팰컨9를 안전하게 착륙시켰다. 연료를 추가로 쓰지 않고도 거의 완벽하게 드론 선박에 착륙했다. 스페이스X는 목표 중심에서 매우 가까이 착륙한 영상을 올렸다.

또 다른 팰컨9 로켓도 위성을 정지궤도로 올리고 드론 선박에 안전하게 착륙했다. 그것은 뜻밖에 얻은 행운이 아니었다. 부스터를 아래로 인도하는 자율 소프트웨어와 수학적 계산으로 얻은 결과였다.

하지만 매번 일이 잘되라는 법은 없었다. 그해 6월 멀린 엔진 하나의 추진력이 약해지며 또 한 번 쓰라린 결말을 맞이했다. 이 문제는 2016년 7월에 수정되었다. ISS로 비행한 후 케이프 커내버럴의 같은 발사대로 향한 두 번째 귀환이 우아하게 성공했다.

머스크의 꿈은 여기서 머물지 않았다. 스페이스X는 NASA의 소규모 저렴한 버전이 되는 것에 관심이 없었다. 머스크는 탄도 비행을 통해 일반인을 우주로 보내는 새로운 수단을 만들겠다는 열망을 품었다. 그러한 우주여행에서의 관건은 비행 시스템의 재사용 가능성 검증이었다. 이는 케이프 커내버럴과 대서양의 익숙하고 안전한 환경에서 벗어난다는 의미였다. 그리하여 2017년 1월 초, 스페이스X는 캘리포니아주의 반덴버그 공군 기지에서 팰컨9를 발사했고, 그 후 태평양에서 성공적으로 기체를 회수했다. 스페이스X와 머스크는 더 저렴한 발사 시스템을 구축한 것부터 드론 선박 착륙과 1단 로켓 회수 성공에 이르기까지, 재사용이 가능한 로켓 시스템 설계에 있어서 거의 모든 임무를 완수했다. 이제 NASA와 같은 연방 항공우주 기관에 재사용 로켓의 가치를 증명하는 마지막 단계를 밟을 차례였다. 한 번 사용한 로켓을 다시 발사하는 것이다.

2017년 3월 30일, 앞서 NASA의 CRS-9 미션을 수행했던 팰컨9가 새롭게 단장해 또 다른 위성을 장착했다. 이번에는 유럽 우주 통신의 거물 SES의 위성이었다. 기체는 페이로드를 궤도까지 끌어올린 뒤 자체 동력으로 자율 하강한 후 순조롭게 착륙했다. 오류 기록 하나 없었다.

이후 몇 년 동안, 스페이스X는 일상적으로 이러한 성공을 경험했다. 더 큰 페이로드를 더 높은 궤도로 쏘아 올리며 미션이 20번이 진행되는 동안 부스터를 재사용했다. 이제 재사용 가능성은 증명해야 할 개념이 아니었다. 그것은 당연한 것이 되었고, 새로운 도구가 되었다. 머스크는 그 도구를 써서 어떤 민간 기업도 해내지 못했던 우주 산업의 중대한 발전을 일으킬 수 있었다.

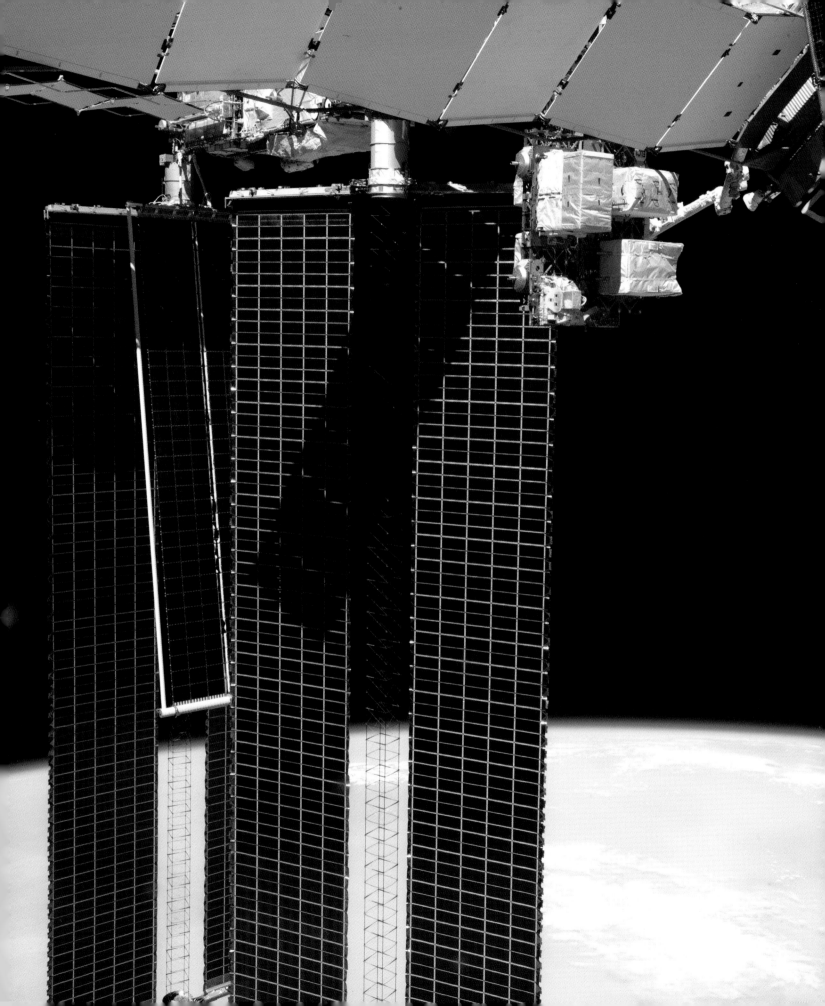

5

SUSTAINABILITY ON COSMIC SCALES

우주적 범위에서 바라본 지속 가능성

앤드루 카네기, J. P. 모건 등이 살았던 강도 귀족 시대에 경제는 철강, 석유, 철도에 집중되어 있었다. 그 당시 뉴욕 같은 미국 도시들은 지속 가능한 인프라를 갖춘 스마트 도시를 건설한다는 포괄적인 계획을 세우고 실천해야 했다. 하지만 계획은커녕, 산업과 금융의 중심축으로 성장한 런던을 따라잡으려고 안달했다.

말하자면, 우주 귀족이 나고 자라는 동안에 미국 제조업은 거의 전부 서비스업으로 대체되었다. 뉴욕은 모두가 인정하는 세계 금융 경제의 중심이 되었지만, 마이클 잭슨Michael Jackson 같은 팝스타와 〈스타트렉〉 같은 공상과학 시리즈가 경각심을 일깨울 정도로 환경 파괴 문제가 대두되었다. 초기 인터넷은 대중 누구나 사용할 수 있는 공공재 역할을 했지만, 이후 주요 기업이 돈으로 인터넷 공간을 사들여 소셜 미디어 인터페이스로 쪼갰다. 그 인터페이스를 통해 우리를 감시하고, 우리의 사회적 가치를 페이스북, 트위터, 인스타그램, 틱톡 등의 구성원 수준으로 떨어뜨렸다. 한편 미래학자 레이 커즈와일Ray Kurzweil은 기후변화로 참혹한 피

ISS에 새롭게 장착된 iROSA 태양광 전지판

해를 볼 것이 명백해지면서 '기술적 특이점'이 찾아온다고 예측했다. 이제 성공을 향한 혁신 공식은 19세기 강도 귀족이 누렸던 것과는 매우 다르게 바뀌었다. 우주 귀족은 지속 가능성이라는 개념을 강조하는 세계 정책에 발맞춰 자신들의 상업 제국을 변화시키면서 강도 귀족 시대 때보다 영역을 확장할 수 있었다.

우주공간에서의 지속 가능성 – 스푸트니크부터 스타링크까지

UN 세계환경개발위원회에 따르면, 지속 가능한 개발이란, 미래 세대의 필요를 훼손하지 않는 범위에서 현재 세대의 필요를 충족시키는 개발을 말한다. 학계에서 널리 쓰이는 지속 가능한 개발의 또 다른 정의에 따르면, 사회적 형평성과 회복력이 강한 공동체를 보존할 필요가 있다고 강조한다. 또한 정보를 토대로 생명체가 살 수 있는 행성이 어떻게 상호 연결되는지 이해해야 한다고 말한다. 미래의 책임자 역할을 하는 인간이 체계론적 접근법[21]으로 생명체의 고유한 개별 복잡성을 받아들여야 한다는 것이다. 더불어 행성과 맺고 있는 다양한 관계를 인정할 때만 생명체가 살 수 있는 행성을 유지할 수 있다.

우주 프로젝트의 부정적 면을 이야기하라면, 먼저 지구 저궤도에 산더미처럼 쌓인 우주 쓰레기가 있다. 즉 수명을 다했거나 고장 난 인공위성이 끼칠 위험이 가장 걱정스럽다. 1950년대 후반부터, 의도적으로 궤도를 벗어나게 해서 상당히 분산되어 있기는 하지만 여전히 극도로 위험하다. 시속 1만 7,000마일(2만 7,359킬로미터)이라는 놀라운 속도로 비행하는 우주 쓰레기는 작동 중인 다른 위성이나 유인 우주선까지도 훼손하거나 파괴할 수 있다. 〈더컨버세이션〉 보도에 따르면, 2021년 9월 중순 현재, 위성 약 7,941개가 지구궤도를 돌고 있다고 한다.

지금은 사라진 소련이 최초의 인공위성 스푸트니크Sputnik를 발사한 이후로, 우주 프로젝트는 멈추지 않고 위성을 궤도로 쏘아

---

21) 사물이나 현상을 몇몇 부분으로 이루어진 전체로 파악하고, 그 변화를 부분끼리 상호 작용이나 전체와 환경 간의 관계 때문에 일어나는 것으로 보는 접근 방식

← | 지구 저궤도를 가득 메우고 있는 우주 쓰레기는 2010년대 들어 심각한 문제로 급부상했다.

← | 현대 도시는 스마트 도시로 변화하고 있다. 스마트 도시는 복원성이라는 새로운 가치와 사물인터넷으로의 고집적화를 강조한다.

↓ | 어떤 이는 지구가 상호 연결되어 있으며, 살아 숨 쉬는 유기체라고 여긴다.

↓ | 태양열 발전소로 탈바꿈한 어느 산마루

올렸다. 20세기 후반을 지나 2010년대 초반까지, 발사된 위성의 숫자는 매년 60개에서 100개 이상으로 늘어나며 꾸준히 증가했다. 이쯤에서 다시 머스크의 스페이스X로 돌아가 보자. 머스크가 인터넷 서비스가 부족한 지구 곳곳에 인터넷을 제공하려고 설립한 스타링크Starlink는 전례 없이 많은 위성을 발사했다. 2018년부터 2020년 말까지 114대의 로켓이 연간 위성 1,300개를 우주로 실어 나르며, 위성 1,000개를 새로 발사한 이전 기록을 깼다. 그러나 2021년에는 위성 1,400개 이상을 궤도로 발사하면서 이 기록은 다시 깨졌다.

이러한 기하급수적인 성장은 스페이스X가 위성을 궤도로 올릴 때 필요한 요구 사항을 줄이고 비용을 낮춘 덕분이다. 또한 컴퓨터와 전자 기술의 발전으로 더 작은 위성을 만들 수 있었는데, 이는 위성의 질량은 줄어들고 발사체 내에 여유 공간이 늘어났다는 뜻이다. 2020년에 발사된 위성의 94퍼센트는 무게가 1,320파운드(600킬로그램) 미만

인 소형 위성 통신SmallSat이었다. 1조 달러(약 1,200조 원)가치의 우주 산업에 참여할 기회를 놓친 베이조스는 뒤늦게 프로젝트 카이퍼Project Kuiper라는 인터넷 위성 네트워크를 개발하고 있다.

오늘날 우리는 혼잡한 하늘 아래에서 살고 있다. 스페이스X가 스타링크 위성 60대를 발사한 후, 전 세계 천문학자는 머스크의 지구 저궤도 위성 무리가 별빛을 막는다고 한탄했다. 그리고 위성이 우주를 가리는 것은 단순히 별을 볼 수 있는 가시 스펙트럼이 방해받는다는 문제를 넘어선다. 전파천문학자는 스타링크가 만든 압도적 크기의 초대형 인공 별자리 때문에 임계주파수의 민감도가 70퍼센트가량 떨어질 수 있다고 한다. 또한 이렇게 위성의 숫자가 급격히 증가하면 궤도 충돌의 가능성이 커진다. 금속과 실리콘으로 만들어진 두 물체가 초음속으로 충돌하면서 발생하는 우주 파편이 엄청난 속도로 지구를 향해 날아올 수 있다.

우주에서 지속적으로 영역을 확장하려는

머스크와 베이조스는 궤도 전달 효율성을 높이는 동시에 발사 시스템 비용을 절감하려고 한다. 이는 모순적 특징이라 할 수 있는데, 지구에 사는 인간이 잘살려고 고안한 산업이 수백 마일 떨어진 우주에서는 문제가 될 수 있기 때문이다. 이런 측면에서, 스페이스X는 스타링크 충돌 빈도를 낮추기 위해 몇 가지 시나리오를 테스트했다.

베이조스 또한 미션 완수 후 355일 이내에 궤도를 이탈시켜 인공위성을 자체적으로 불태우겠다는 계획을 발표했다. 우주 산업에 종사하는 많은 이해당사자는 상업적 목적과 시험 미션, 그리고 인간의 다른 목표를 향한 야망 사이에서 균형을 찾으려고 노력한다. 그런 의미에서 지속 가능성은 우주 미션

과 미션의 종료 방식을 통제하는 것도 중요하다. 그래야만 미래의 우주 프로젝트와 미래 세대가 2세대 우주경쟁으로부터 피해가 아니라 이익을 얻을 수 있다.

지속 가능한 기술의 단점

지구상에서 풍력이나 태양열 같은 새로운 동력원을 발전시키려는 원리는 표면적으로 같다. 머스크는 테슬라에서 최첨단 태양전지 제품군을 개발한 경험 덕분에 태양열 발전에 익숙하다. 스타링크 위성에는 무게가 573파운드(260킬로그램)에 이르는 판판한 태양 전지판이 부착되어 있다. 그리고 인터넷 위성은 무더기로 발사되어 자동 배치가 가능하다. 또한 위성은 궤도의 수정과 유지, 최종

적으로 궤도 이탈을 조종하기 위해 크립톤을 연료로 사용하는 추진 엔진을 사용한다.

우주 쓰레기를 막기 위해 위성 궤도를 자율적으로 변경할 수 있게 했는데, 이 궤도는 업링크Uplink[22] 추적 데이터로 감지되어 표시된다. 〈내셔널 지오그래픽〉에 따르면, 수명을 다한 위성은 궤도를 이탈해 전소되는데, 이 과정에서 위성 물질의 95퍼센트가 제거된다. 2021년 6월 NASA는 ISS에 보잉Boeing과 레드와이어Redwire가 공동으로 설계한 새로운 태양광 패널을 설치했다. 일명 국제우주정거장 두루마리형 태양광 패널International Space Station Roll-Out Solar Arrays, iROSAs는 보잉의 스펙트로랩Spectrolab에서 제조되었으며, 20킬로와트 이상의 전력을 생성하는 각 패널로 전체 우주정

22) 지상에서 우주선이나 위성으로 전송하는 정보

← 지구 저궤도를 도는 물체의 수가 갑자기 증가한 데는 스타링크 위성 발사의 영향이 크다.

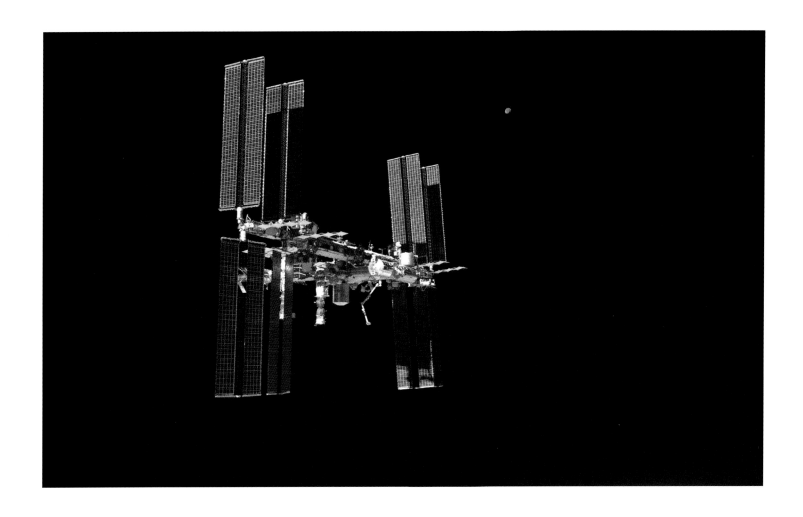

거장에서 총 120킬로와트의 전력을 만들어 낸다. 그러나 1세대 우주경쟁과 2세대 우주경쟁 사이의 과도기를 상징적으로 나타내는 ISS가 수명을 다해가고 있다.

어떻게 보면 2세대 우주경쟁은 이제 시작에 불과하다. 과거가 프롤로그라고 한다면, 본편의 첫 단계는 재사용 로켓 시스템을 개발한 것이다. 그렇다면 그다음 단계는 무엇인가? 그것은 달로 돌아가는 것이다. 이번에는 그곳에 머물기 위해서다. 하지만 실행하기 어려운 일이 될 것이다. 2016년 머스크는 지구가 소멸할 것을 대비해 하나 이상의 세계에 정착해야 한다고 경고했다. 숭고한 탐험이라는 여유로움에서 벗어나 생존을 위한 필사적인 노력으로 바꾸어 놓았다.

그러나 생존이라는 무시무시한 동기와 소멸에 대한 두려움 뒤에는 현대적이며 공감대를 형성하는 무언가가 있다. 그것은 우리가 지속 가능한 실천 방안을 계속 진화시키며 강도를 높이고 있다는 사실이다. 2020년대 초반 두 대륙에 걸쳐 번진 산불, 이상기후로 인해 큰 희생이 따른 사건들, 평균 기온의 상승, 산업용 반도체 부족 사태가 벌어졌다. 거의 모든 분야의 기업이 지난 10년간 인간에게 가장 중심적인 가치를 '지속 가능성'이라고 생각하게 만들었다.

하지만 대기업의 관행은 표면적으로 지속 가능해 보이지만 그것을 준수하지 않아도 모르게끔 숨기고 모호하게 만들어진 경우가 많다. 예를 들어 2021년 8월 유명 작가 레베

↑ ISS는 2020년대 후반이 되기 전에 사라질 수도 있다.

↓ 캘리포니아 산불은 전례 없는 수준으로 그 범위가 커지고 심각성이 증가했다.

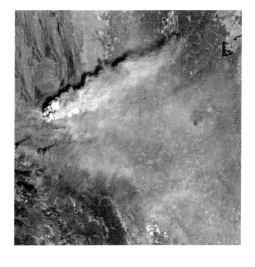

카 솔닛Rebecca Solnit은 〈가디언〉에 기고한 논평에서, 자연에 미치는 개인의 영향을 측정하겠다며 만든 다목적 용어인 탄소 발자국[23]이라는 개념은 사실 브리티시페트롤리엄British Petroleum이 고용한 광고 회사가 만든 마케팅 문구라고 밝혔다.

기후변화의 원인이 일반 시민과 그들의 생활방식 때문이라고 자책하게 만듦으로써 화석 연료 회사는 지탄받았던 공해와 생태학적 재앙의 책임을 개인에게 전가할 수 있게 된다. 이렇게 부정적으로 생각하자면, 지속 가능성은 인간의 번영을 보장하는 것보다 악덕 기업을 이끄는 최고 책임자의 주머니를 채우는 데 더 유용하다. 로드아일랜드보다 더 큰 빙붕이 남극 대륙에서 떨어져나오고 있지만 말이다.

전기자동차는 언뜻 보기에 매력적이다. 전기자동차를 타고 출퇴근하면 유독가스를 내뿜지 않게 되고 자연스레 소비자는 환경오염의 주범에서 문제 해결의 적극적인 참여자가 된다. 정말로 환경에 부정적인 영향을 전혀 미치지 않는지 따져보자. 전기자동차에 사용되는 리튬 이온 배터리 제작에 필요한 리튬 채굴은 지속 가능성과는 거리가 멀다. 전기자동차에 사용되는 리튬의 절반 이상은 볼리비아, 아르헨티나, 칠레의 리튬 삼각지대 지역에서 채굴된다. 채굴자들은 솔트 플랫[24]에 구멍을 뚫고 염분과 미네랄이 많은 소금물을 지표면으로 끌어올려 인공 물줄기를 만든 다음 햇빛으로 물을 증발시킨다.

리튬 1톤을 채굴할 때마다 약 50만 갤런(200만 리터)의 물을 사용하는데, 이는 인근 농민의 생계에 큰 영향을 미친다. 채굴 과정에서 사용된 독성 물질은 상수도로 유입될 수 있다. 티베트에서는 염산이 자연 수역으로 흘러 들어가 엄청난 양의 수중 생물을 죽게 한 사건이 발생했다. 전기자동차 배터리를 만들려면 코발트와 니켈도 필요한데, 코발트는 보통 극도로 위험한 환경에서 아동의 노동력을 착취하는 광산에서 추출된다. 코발트 채굴 과

23) 개인 또는 단체가 직간접적으로 발생시키는 온실 기체의 총량
24) 바닷물의 증발로 침전된 염분으로 뒤덮인 평지

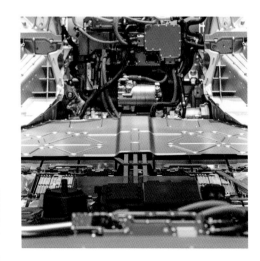

← 전기자동차 조립 라인의 리튬 배터리 팩. 전기자동차 생산 공장이 화석 연료를 사용한 공장과 비교해 상황이 월등하게 좋지는 않다.

→ 리튬 광산에서는 광물질이 풍부한 바닷물을 인위적으로 모아놓고 증발시킨다.

정에서는 히로시마와 나가사키 폭격에 사용된 방사성 원소인 우라늄을 포함해 엄청난 양의 대기 미립자가 생성된다.

2020년대 초반을 기준으로, 서구 산업이 일으키는 환경오염은 중국에서 벌어지는 환경오염보다 더 해롭다. 〈포브스〉의 보도에 따르면, 중국에서 전기자동차 배터리를 생산하면, 내연 기관차 배터리를 생산할 때보다 약 60퍼센트 더 많은 이산화탄소 오염이 발생한다. 지구상에서 '지속 가능한 관행'은 정반대의 결과를 만들어낼 수 있다.

달과 화성 보존하기

그렇다면 우주에서 지속 가능한 관행은 어떤 의미일까? 이미 인류가 살 수 없는 환경인 우주공간 안에서는 더 치명적이라는 개념이 성립하지 않는다. 최소한 방사능 노출을 걱정하며 좁은 공간 안에서 갇혀 지내는 상황에서는 말이다. 따라서 우주공간으로 상업적 확장을 하는 것은 지구에서와는 다른 차원의 기회를 제공한다. 즉 안전성과 관련해서 여론을 의식할 필요성이 줄어든다. 물

론 우주 쓰레기가 대기권 상층부를 어지럽히고는 있지만, 우주에서는 영유권을 둘러싼 분쟁에서도 자유롭다.

따라서 우주공간에서의 지속 가능성에 대한 합리적 정의는 인간의 번영을 최우선순위로 두는 것이다. 그 목적으로 현재 가용할 수 있는 자원을 활용해야 한다. 달은 이미 사람이 살 수 없는 곳이다. 사실상 대기가 없고 소리나 충격파를 전달할 가스가 없어서 핵폭탄이 터져도 소음조차 없을 것이다. 달리 말하면, 적어도 달에는 보존할 생물권[25]이 없는 것이 거의 확실하다. 그렇다고 해도 우리가 달이나 다른 외계의 자연 상태를 마음대로 해쳐도 된다는 뜻은 아니다.

달에 물과 필수 광물 같은 자원이 있을지도 모른다. 하지만 달에서는 지구에서처럼 산업이 무한히 성장하도록 지원할 수 없다. 게다가 UN 총회가 1979년에 체결한 후 1984년에 발효한 달협정Moon Agreement에 따르면, '달과 달의 천연자원은 인류의 공통 유산이기 때문에' 엄밀히 따지면 아무도 달을 소유할 수 없다. 이 협정은 또한 "달과 다른 우

25) 살아있는 유기체가 서식하는 범위

원자로 내에 있는 우라늄과 다른 핵분열성 물질은 사실 매우 안전한 상태다.
하지만 코발트는 채굴 과정에서는 방사성 원소가 공기 중으로 방출될 수 있다.

대기가 없는 우주와 달은 방사능이 많아 극도로
치명적인 환경이다. 즉 지구에는 대기라는 얇고
둥근 덮개가 있어서 사람이 거주할 수 있는데,
이 현실을 아는 사람은 별로 없다.

주 물체를 평화를 위한 목적으로만 사용해야 하며, 우주 환경을 파괴해서는 안 된다."라고 명시하고 있다.

UN 협정서에는 "이러한 자원 개발이 실현 가능한 순간이 오면, 자원 개발을 통제할 수 있는 국제적 체제가 구축되어야 한다."라고 쓰였다. 바람직한 내용 같지만, 주요 강대국과 기업은 지구에서처럼 국제적 합의를 무시하고 자신의 이익에 따라 달 자원을 이용할 수도 있다.

달 표면에서 자급할 수 있는 능력을 기르는 것도 좋다. 하지만 우선적으로 충분히 오랫동안 달의 환경을 보존하고, 과학적으로 철저히 탐험하고 조사 분석해야 한다. 지구와 태양계의 기원에 관한 역사와 먼 다른 외계 세계가 어떻게 생성되는지 이미 세상은 알고 있다. 달이나 화성에는 생명체가 존재하지 않을 것이다. 적어도 지구에 존재하는 복잡한 구조의 생명체를 따라갈 만한 것은 전혀 없다. 그러나 '붉은 행성' 화성에서 우리는 과거에 대한 증거를 찾을 수도 있다. 따라서 인류의 산업이 지구에서처럼 달에서 운용되는 것을 막을 수는 없더라도, 최소한 다음의 숭고한 목표를 잃지 말아야 한다. 그 목표는 부와 이익을 창출하고, 우주 제국 건설이라는 단기적 목표에 함몰되어, 우리가 어디에서 왔는지, 지구 밖에는 또 무엇이 있는지, 우주는 어떻게 작동하는지에 관한 근본적인 단서를 훼손하지 않는 것이다.

인간이 달과 화성에 정착하려면 믿을만

← 화성을 포함해 생물권이 있다고 알려진 외계는 없다. 그렇다고 해도 우리에게 그 외계를 오염하거나 훼손할 권리가 있다는 뜻은 아니다.
이는 지속 가능성의 뜻이 달라져야 한다는 것을 의미한다.

→ UN에 따르면, 달은 누구의 것도 아니다.

"달과 다른 우주 물체를 평화를 위한 목적으로만 사용해야
하며, 우주 환경을 파괴해서는 안 된다."

— UN 총회

한 자급 시스템을 개발해야 한다. 하지만 지구의 주요 강대국, 항공우주 기관, 우주항공 회사 등이 자급 시스템 개발에서 멈춘다는 보장은 없다. 그들을 우주로 이끈 매우 경험적인 과학을 존중해서라도 그러지 않을 것이다. 다시 말해, 행성 간 확장에 걸맞은 최소한의 자급력을 달성하기까지는 갈 길이 멀다는 얘기다. 그렇지만 그곳에 가는 방법, 그곳에서 살아남는 방법, 인류 경제를 우주로 확장하기 위해 자원 추출 과정을 구축하는 방법에 대한 아이디어는 충분하다.

행성 간 산업 구축하기

2021년 초, 미국 국방고등연구계획국 Defense Advanced Research Projects Agency, DARPA는 NOM4D[26]라는 새로운 프로그램을 시작했다. 이 프로그램의 목표는 '지구를 벗어난 곳에서' 우주와 달 표면에 있는 대규모 구조물을 만들 제조법과 생산법 개발이다.

한마디로 미국 군산복합체가 달에 공장을 짓겠다는 뜻이다. DARPA 국방과학사무소의 프로그램 관리자 빌 카터Bill Carter는 "지구 밖에서 제조하는 것은 질량 효율을 극대화하는 동시에 다양한 우주 시스템의 안정성, 민첩성, 적응성을 향상한다."라고 보고서에서 언급했다. 물론 새로운 생각은 아니다. 1세대 우주경쟁이 시작되고 초기 몇 년 동안, 미국 육군은 1965년까지 달에 물리적 군사 기지를 건설하는 프로그램을 설계했다. 물론 이 프로그램은 실행에 옮겨지지 않았

↑ 　화성에는 한때 생명체가 존재했을 가능성이 있다. 우리는 아직 그 흔적을 찾고 있다.

→ 　미래의 달 기지에 대한 구상도

26) Novel Orbital and Moon Manufacturing, Materials and Mass-efficient Design의 약자

다. 냉전의 한복판이기도 했고 기술도 비교적 원시적인 수준이었기 때문에 일어날 가능성이 없었다. 그러나 이제 달로 귀환을 선언한 NASA의 국제적 민관 협력 프로그램인 아르테미스Artemis는 우주에 지속 가능한 기반시설을 짓기 위해 속도를 올리고 있다. 이 목표를 달성하기 위해서, 우주인은 달 거주지, 로봇 탐사선과 유인 탐사선, 그리고 복잡한 건설 시스템에 동력을 공급하는 지속 가능한 에너지가 필요하다.

2021년 3월 NASA는 달 표면 위로 32피트(10미터) 높이까지 솟아올라 수직으로 배치되는 새로운 태양 전지판 시스템을 개발할 기업 다섯 곳을 선정했다. NASA가 선정한 기업은 노스롭그루먼 스페이스시스템스 Northrop Grumman Space Systems, 록히드마틴Lockheed Martin, 막서테크놀로지Maxar Technologies의 스페이스시스템스 로럴Space Systems Loral, 허니비로보틱스Honeybee Robotics, 아스트로보틱 테크놀로지Astrobotic Technology다. NASA의 우주기술임무이사회Space Technology Mission directorate, STMD의 기술 책임자 니키 베르크하이저Niki Werkheiser는 "달에서 믿을 수 있는 동력원을 보유하는 것이 우리가 달 표면에서 하는 거의 모든 일의 핵심이다. 이러한 프로토타입 시스템을 설계하기 위해 다섯 기업과 협력함으로써, 우리는 최첨단 기술 개발에 잠재적 위험을 효과적으로 줄이고 있다."라고 NASA 보도자료에서 밝혔다.

기존 태양 전지판과 기반시설은 우주 미

PROJECT HORIZON

Volume I
SUMMARY AND SUPPORTING CONSIDERATIONS

UNITED STATES ARMY

↑ | NASA는 달 표면에서 사용하기 위해 태양 전지판을 수직 구조로 적용하고 있다.

← | 프로젝트 호라이즌Project Horizon이라는 이름으로 미국 육군이 달에 기지를 세우겠다고 했던, 현재는 폐지된 계획에 대한 묘사

세중력 환경이나 평평하고 수평인 표면에서 작동하도록 설계되었다. 새롭게 도입하는 수직 배열은 달에 설치한 태양 전지판이 더 효과적으로 햇빛을 받을 수 있게 한다. 이는 달의 남극을 기준으로 본다면 태양은 달의 상공에서 높이 떠오르지 않기 때문이다. 더욱이 달에는 언덕, 경사면, 암석 조성물들이 많아서 표면에 검은 그림자가 생기기 때문에 판판한 수평 태양 전지판은 효과가 없다. 버지니아주 햄프턴에 있는 NASA 척 테일러Chuck Taylor 수직 태양 전지판 개발 책임자는 NASA 블로그에서 "이러한 태양열 발전을 설계함으로써 아르테미스 달 거주지와 기업에 지속해서 전력을 공급할 수 있다. 암석이 많아 그늘이 지는 지역에서도 가능하다."라고 언급했다. "더 효율적인 태양 전지판을 계속 찾다보면 예상치 않은 방향에서 지구

에 응용할 방안이 생길 수도 있다."라고 덧붙였다. 개인 주택 소유주와 사업주도 태양 전지판을 수직 방향으로 설계해 효율성을 높일 수 있다. 수직으로 설계하면 근처 나무나 더 높은 구조물로 인해 생기는 그늘 위까지 닿을 수 있기 때문이다.

우주 기반 태양열 발전은 지구 전체에 지속 가능한 에너지를 공급할 대안이 될 수 있다. 거대한 거울 모양의 반사경을 제작해 궤도에 위치시킨 다음, 태양 빛을 모아 전자기 복사로 변환하고, 레이저나 마이크로파의 형태로 지구 표면에 빛을 보낼 수 있다는 이론을 세우기도 했다. 언젠가 달에 인류 정착촌을 건설할 경우 이와 유사한 방법으로 동력을 공급할 수 있다. 물론 달에서 직접 자원을 채굴할 수 있다면, 보다 지속 가능한 방식으로 전력 생산 인프라를 구축할 수 있고 조립

시설 건설 자체도 용이해질 것이다.

NASA와 민간 기업들

2021년 6월 NASA 빌 넬슨_{Bill Nelson} 국장 은 다른 무엇보다 1세대 우주경쟁에 대한 일 반적 오해를 바로잡기 위해 미국 하원을 대 상으로 연설했다. NASA가 국민의 세금을 써 서 독창적 기술을 개발하고, 모든 우주 계획 을 설계·건설·실행했다는 오해였다. 이는 삼분의 이만 맞다. 넬슨은 "우리는 아폴로 프 로그램을 수행하며 미국 기업의 도움이 있었 기에 달에 갈 수 있었다."라고 연설을 시작했 다. 미국의 주요 기업 12곳 이상이 NASA를 도왔기 때문에 인류를 달 표면에 올려놓는 역사적 성공이 가능했다. NASA 과학자와 기 술자는 우주 프로그램을 설계하고 실현하는 데 필요한 많은 기술을 개발했다. 그러나 우 주 캡슐, 로켓, 달 착륙선, 우주복, 탐사선 등 을 생산하는 일은 미국 내 기술 회사와 협력 했다.

아폴로 프로그램은 정부 지원을 받는 연 방정부 차원의 우주 프로그램이었다. 그러나 민간 부분의 상당한 기여가 없었다면 시작하 지 못했다. 여기에는 중요한 의미가 있다. 2 세대 우주경쟁은 지난 10년 동안 재사용 가 능한 로켓 같은, 민간 부문이 참여한 새로운 비행 시스템을 중심으로 우주 프로그램의 방 향성을 바꿔왔기 때문이다. NASA는 ISS에 우주비행사와 화물을 실어 보낼 새로운 우주 선을 내부에서 설계한 다음 대기업에 돈을 주고 제작하지 않는다. NASA는 이제 모든 과정을 위탁한다.

NASA는 항공우주 개발에 필요한 설계 와 디자인 제안을 기업에 요청한다. 선정된 기업은 우주선 제작 그 이상의 일을 한다. NASA로부터 적절한 수준의 관리를 받으며 우주선을 운용하기도 한다. 이러한 새로운 흐름 덕분에 스페이스X가 민간 우주항공 기 업이 펼치는 새로운 시대에 권력을 장악할 수 있는 토대를 마련했다. 그리고 이 새로운 파트너십에는 몇 가지 특징이 있다.

성공의 기준을 어디에 두느냐에 따라 다 르지만, 재사용 가능성이란 개념을 적용한 공학적 목표는 사실 이전에 탐구되고 시도된 적이 있다. 우주왕복선이 그 예다. 이것은 민 간 우주항공 기업이 아무것도 없는 상태에서 시작한 것이 아님을 의미하며, NASA가 효율 성을 따졌다는 뜻이다. 민간 우주항공 기업 은 자기 자금을 직접 투자해 공공 세금을 절 약할 수 있다. 물론 연방정부가 이들 기업과 개발에 보조금을 지급하면 공적 자금과 사적 자금의 경계는 모호해진다. 하지만 민간 기 업은 의회 예산이라는 한계에 묶여 빈번히 방해를 받아온 정부 프로그램을 대신해서 수 행할 수 있다. 또 민간 기업은 NASA보다 더 많은 위험을 감수하며, 의사결정에 있어 효 율성을 우선시한다. 민간 우주항공 기업은 다음 정권이 들어서서 프로그램이 중단되는 일이 없다.

그러나 민간 기업에 이전보다 더 많은 권한과 통제권을 주는 새로운 민관 협력 체 제에 모든 사람이 찬성하는 것은 아니다. NASA는 민간 우주항공 기업에 돈을 주면서 달 탐사를 수행할 탐사로봇의 개발, 제작, 운 영을 맡기고 있다. 탐사로봇 말고도, 인간이 심우주 미션을 수행하는 데 필요한 생명 유 지 시스템과 최종적으로 인간을 달 표면으로 데리고 갈 차세대 착륙선도 위탁하고 있다.

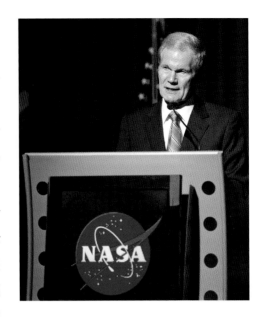

↑ 2020년대 초 NASA 넬슨 국장은 우주여행과 기업의 준법 경영이 공생을 이룰 수 있다고 말한다.

→ 기업의 협력이 없었다면 아폴로 11호의 달 여정은 이루어지지 않았을 것이다.

이제는 운행을 멈춘 우주왕복선 엔데버호
Endeavor가 ISS와 도킹하고 있다. 온전히 재사용
가능한 우주선을 사용함으로써 우주비행의
지속 가능성을 높이려는 첫 시도였다.

2021년 6월 발표에서, 에디 버니스 존슨Eddie Bernice Johnson 미국 하원 과학위원회 위원장을 포함한 일부 하원 의원은 결국 민간 우주항공 기업이 우주 산업과 관련된 모든 위험을 감수해야 할 것이라고 우려를 표명했다.

달 궤도 우주정거장 '루나 게이트웨이'

지구 저궤도는 지표면으로부터 약 60마일(97킬로미터) 높이에서 시작되며, ISS는 약 220마일(354킬로미터)의 고도를 유지한다. 달은 지구로부터 23만 8,900마일(38만 4,472킬로미터) 떨어져 있는데, 이는 지구와 ISS 사이보다 약 1,000배 더 멀어서, 시간과 거리 면에서 변수가 생길 확률이 훨씬 더 높다. NASA조차도 아슬아슬하게 달 자오선을 통과했는데, 특히 아폴로 13호 미션 때 그랬

다. 그러나 이제 NASA는 스페이스X, 블루오리진, 록히드마틴, 보잉, 노스롭그루먼 등 신구 민간 파트너들과 함께 달에 갈 것이다.

NASA가 인류를 달에 보내기 위해서는 우선 달 궤도에 영구적인 우주정거장을 설립해야 한다. 루나 게이트웨이Lunar Gateway라고 불리는 이 프로젝트는 우주비행사가 달 표면 또는 그 너머로 가는 도중에 볼일을 보는 중요한 도킹 허브 역할을 할 것이다. 루나 게이트웨이는 ISS와 매우 비슷하지만 크기가 더 작다. NASA 우주임무분석과 기술자가 게이트웨이 개발에 관한 연구를 이끌었지만, 케네디우주센터 기술자가 더 중심적인 역할을 하고 있다. 루나 게이트웨이의 기능은 록히드마틴이 개발 중인 NASA의 차세대 심우주 유인 우주선인 오리온Orion과 도킹할 수 있는

↑   2010년대 NASA는 민간 기업을 이전보다 훨씬 더 중요한 역할에 배치하는 새로운 전략을 세웠다.

→   이 사진은 원근법을 체험하게 한다. 달은 앞에 있는 ISS보다 지구에서 거의 천 배 더 멀리 떨어져 있다.

미니 ISS 역할을 하는 것이다.

루나 게이트웨이는 고급 모듈러 설계를 도입해서, 별도로 발사해 여러 모듈을 조립하고 통합할 수 있다. 게이트웨이는 최소 15년 동안 유지될 예정이며, 이 기간에 끊임없이 수정하고 개선하여 수준 높은 목표를 달성할 것이다. 2020년 5월 현재 기준, 게이트웨이는 2023년부터 건설할 예정이며, 그때쯤이면 동력 장치와 거주 및 물자 조달 전초기지Habitation and Logistics Outpost, HALO 장치가 달 궤도에 안착해 우주비행사가 단기 체류할 수 있다. 모든 것이 계획대로 진행된다면, 게이트웨이는 2025년까지 한 번에 몇 달까지도 우주비행사를 수용할 수 있다.

게이트웨이의 구상은 마이크 펜스 전 부통령이 시작한 캠페인의 일부로, 그는 NASA에 2028년까지 인간을 달로 다시 보내는 데 힘을 써달라고 주문했다. 2021년 6월 NASA는 9억 3,500만 달러(약 1조 1,220억 원)로 계약을 따낸 노스롭그루먼과 HALO 개발 계약을 체결하면서 2023년까지 게이트웨이를 달 궤도에 올릴 계획을 세웠다.

NASA는 공식 웹사이트 블로그에서 "이번 계약에 따라 노스롭그루먼은 막서테크놀로지가 제작 중인 전력 추진 장치Power and Propulsion Element, PPE와 통합한 HALO를 장착하고 시험하는 책임을 맡게 될 것이다."라고 밝혔다. 이어 "노스롭그루먼은 스페이스X와 함께 PPE와 HALO 통합 우주선 교체와 발사 준비를 주도하고, 달 궤도 비행 중 HALO

↑ 로버트 주브린Robert Zubrin은 화성으로 향하는 미션을 위해 더 지속 가능한 건축물을 지어야 한다고 주창한 최초의 인물 중 하나로, 화성에 관한 연구를 2003년 상원 위원회에 제출했다. 록히드마틴에서 엔지니어로 일했던 주브린은 머스크의 멘토였다.

활성화와 성능 검사를 지원할 예정이다."라고 덧붙였다. 발표에서 언급한 머스크의 스페이스X는 NASA와 유인 달 착륙선 설계 및 운용 계약을 체결했다. 그 착륙선의 이름은 스타십Starship이다.

NASA 넬슨 국장은 블로그에서 "게이트웨이는 우리가 달과 달 주변에서 과학적으로 놀라운 발견을 하도록 도와줄 달 우주정거장이다. NASA는 이 게이트웨이를 포함해 이전보다 더 먼 태양계로 탐사를 확장하기 위한 인프라를 구축하고 있다. 마찬가지로 이러한 투자는 NASA가 미국의 목표를 수행하는 데 도움이 될 것이라는 점에서 중요하다. 목표는 인간의 화성 여행에 필요한 과학기술 개발과 시험에 박차를 가하는 것이다."라고 말했다. 노스롭그루먼은 회사의 시그너스Cygnus 우주선을 기반으로 HALO를 설계했는데, 시그너스는 루나 게이트웨이 HALO 계약을 따낸 당시에 이미 ISS 보급 미션을 15차례 성공적으로 수행했다.

NASA의 또 다른 민간 우주항공 파트너인 록히드마틴도 2021년 1월 오리온아르테미스Orion Artemis 1호의 조립을 완성하며 다가올 아르테미스 프로그램에 강렬한 인상을 남겼다. 이후 오리온아르테미스 1호는 NASA의 탐사지상시스템Exploration Ground System, EGS로 이관되었다. 오리온이 발사된다면, NASA의 새로운 주력 탐사용 우주선이자 NASA 우주발사시스템Space Launch System, SLS에 편입될 것이다. 오리온은 본격적으로 사람을 실어 나르기에 앞서 3주간 시험적으로 달 궤도를 무인 비행하며 동시에 왕복 비행 가능성도 검증하게 된다. 록히드마틴의 부사장이자 프로그램 매니저인 마이크 호스Mike Hawes는 회사 보도자료를 통해 "오리온은 아주 특별하고 인상적인 우주선이며, 제작을 맡은 팀은 과업을 훌륭히 해냈으며, 우리 회사를 이 자리에 있게 만들었다. 아르테미스 1호의 발사와 비행은 그 자체로도 인상적인 광경이 될 테지만, 더 중요한 것은 오리온이 인류를 안전하게 이송하고 무사히 지구로 귀환할 능력이 있음을 확인하게 된다는 점이다."라고 말했다.

2020년 9월 NASA는 아르테미스 계획에 대한 새로운 소식을 공개하며 4단계로 이루어질 아르테미스 계획에 대한 자세한 설명도 내놓았다. 오리온과 SLS 로켓이 달 궤도를 돌고 귀환하는 무인 시험비행을 두 번 거친

후, 아르테미스 3호는 우주비행사를 달로 실어 나를 것이다. 아르테미스 3호는 인간 착륙 시스템Human Landing System, HLS, 즉 스페이스X의 스타십이 제작될 때까지 달의 남극에 머무를 것이다. 아르테미스 3호는 반세기가 지나 달 표면에 착륙하는 유인 우주선이 될 것이다. 2024년으로 예정된 계획에 따르면, 우주비행사 둘이 달 표면에서 최대 6일하고 반나절을 보내고 최소 두 차례 우주 비행 중에 우주선 밖으로 나가서 활동하는, 선외활동 후 궤도로 돌아와 오리온 우주선에 재탑승할 예정이다.

2026년으로 예정된 아르테미스 4호 미션은 승무원이 탑승해 루나 게이트웨이로 이동해 더 큰 게이트웨이 시스템에 통합 거주 모듈을 전달하는 것이 목표다. 아르테미스 5호부터 8호까지 계획이 있는데, 더 많은 우주비행사를 달 표면으로 보내 원래 장소에 있는 기반시설의 성능을 강화하는 것이 목표다. 우주비행사는 달 표면에 도착해 정착지를 완성하고, 거주지와 과학장비, 탐사선, 첨단 지원 추출 장비 구축을 마무리하게 된다. 이는 인간이 달에 머무르는 것을 영구적이고 지속 가능한 사업으로 만드는 장기 프로젝트다.

NASA와 민간 기업이 달 표면에 배치할 재사용 가능하고 지속 가능한 시스템을 선도하고 발전시키자 이에 자극받은 여타 산업 강대국도 최첨단 달 탐사 기술 개발에 속속 뛰어들었다. 2021년 9월 일본 혼다자동차는 로봇과 수직이착륙항공기Electric Vertical Takeoff and Landing Aircraft, eVTOL을 조립해 달 착륙을 직접적으로 돕겠다는 계획을 발표했다. 로봇과 eVTOL은 최근 몇 년간 빠르게 성과를 거두었지만, 불확실한 측면이 있다. 그렇다 하더라도 달을 향한 혼다의 계획은 흥미롭다. 혼다는 이미 일본 우주항공연구개발기구Japan Aerospace Exploration Agency, JAXA와 협력해 달 표면에 순환 재생 에너지 시스템을 건설하기로 제휴했다.

이 시스템의 성공은 달에 물이 있느냐 없느냐에 달려 있으며, 2020년 10월 NASA는 달이 태양을 바라보고 있는 면, 남반구의 클라비우스 분화구와 그 주변에서 물을 발견했다. 그러나 이렇듯 귀중한 물질인 물은 액체 웅덩이 또는 얼음 덩어리로 응집하기에 너무 작은 개별 분자 크기로 분산되어 있다. 하지만 NASA와 민간 우주항공 기업은 지구에서 달까지 물을 끌어가는 버거운 작업 대신 첨단 수소 추출 기술을 개발함으로써 수십억 달러를 절약할 수 있다. "여행하는 내내 필요할지도 모르는 것을 전부 가지고 다닐 필요가 없을 때 여행은 훨씬 더 쉬워진다."라고 NASA 수석 탐사 과학자 제이컵 블리처Jacob Bleacher가 말했다.

베이조스와 NASA의 법정 싸움으로 미뤄진 달 탐사

애초 NASA는 2024년까지 달에 인간과 최초의 여성을 데려갈 계획이었다. 하지만 이 계획은 2021년 8월 감사에서 흐지부지 폐기되었다. NASA의 회계 보고서에는 "달 착륙선 개발과 관련된 지연과 최근 결정된 착륙선 계약 입찰 시위로 인해 2024년 달 착륙 계획이 불가능해질 것이다."라고 적혀 있었다. 머스크는 이 소식에 대해, "NASA가 자금이 부족하다면 스페이스X에서 문워크가 가능한 우주복 기술 개발의 공백을 채울 수 있다"고 트위터를 통해 답했다.

게이트웨이가 만들어지고 나면,
우주비행사는 광범위하고 영구적인
달 기지를 건설하는 고된 일을 시작할
것이다.

2021년 11월로 예정되어 있던 아르테미스 1호와 오리온 우주선의 발사는 가망이 없었다. 다음 발사 시도는 2022년 1월로 잠정 연기되었다. 그러나 그 일정 또한 연기되었다. NASA의 발표도 실망스러웠지만, 많은 이들에게 좌절감을 안겨준 것은 따로 있었다. 베이조스의 블루오리진이 인류가 달로 귀환하는 것이 지연되는 데 결정적인 역할을 했기 때문이었다. 블루오리진은 아르테미스 착륙 시스템 구축 기업으로 선정되지 않았다는 이유로 NASA를 상대로 소송을 시작했다. NASA가 달 프로젝트 최초 민간 착륙선을 개발하고 운영할 수 있는 약 29억 달러(3조 4,800억 원) 규모의 독점 계약권을 스페이스X에 준 지 몇 달이 지난 다음에 벌어진 일이다.

스페이스X는 이 계약을 따냄으로써 노스롭그루먼, 록히드마틴, 드레이퍼Draper와 같은 우주 개발 대기업과 블루오리진을 넘어섰다.

NASA에서 착륙선 개발을 주관하는 HLS 프로그램 매니저 리사 왓슨-모건Lisa Watson-Morgan은 "NASA의 아폴로 계획은 전 세계의 관심을 사로잡았고, 미국의 비전과 기술이 지닌 힘을 선보였으며, 할 수 있다는 정신을 증명했다. 또한 우리는 아르테미스 계획이 아폴로 계획만큼 위대한 업적, 혁신, 과학적 발견에 영감을 줄 것으로 기대한다. NASA가 스페이스X와의 파트너십을 통해 아르테미스 계획을 달성할 수 있다고 확신한다."라고 언론 브리핑에서 말했다.

이것은 놀라운 결과였다. 스페이스X가 달 착륙선 계약의 수혜자였기 때문이 아니라, NASA가 처음에는 민간 우주항공 기업 두 군데와 파트너십을 체결할 거라고 선언했다가 스페이스X를 단독 파트너로 선정했기 때문이다. 아르테미스 HLS 시스템 개발에서 베이조스를 분명히 배제하고 머스크의 스타십 HLS에 특혜를 주려는 움직임으로 비치기도 했다. 〈뉴욕타임스〉 최초 보도에 따르면, NASA가 발표하고 며칠 후에 블루오리진은 50페이지에 달하는 긴 항의서를 미국 회계감사원 Government Accountability Office, GAO에 제출했다.

밥 스미스Bob Smith 블루오리진 최고경영자는 〈뉴욕타임스〉와 인터뷰에서 "NASA가 이런 실수를 하는 것은 정말 이례적인 일이다. 그들은 보통 협력에 능하다. 미국을 달 표면으로 다시 향하게 하는 것 같은 주력 임무에는 특히 그렇다. 우리는 이런 오류를 알리고 해결해야 한다고 생각했다."라고 말했다. 머스크는 블루오리진의 불평에 대해 색다르면서도 아슬아슬한 논평을 내놓았다. 〈뉴욕타임스〉 독점 기사에 대한 답장으로 4월 말에 올린 트윗에 이렇게 썼다. "(궤도까지) 올라가지도 못하잖아, 하하!"

2021년 7월 블루오리진은 베이조스가 작성한 공개서한을 NASA에게 보냈다. 공개서한은 스페이스X에 달 착륙선 프로젝트의 단독 계약권을 부여한 결정을 재고해달라는 내용이었다. 베이조스는 회유책으로 미국 항공우주국에 20억 달러(약 2조 4,000억 원)를 할인하겠다고 제안했다. 그 편지에서 베이

오리온아르테미스 1호는 NASA의 새로운 주력 탐사선이 될 것이다.

조스는 블루오리진이 초호화 기술 기업으로 이루어진 '내셔널 팀'을 구성했고, 그 팀에는 노스롭그루먼, 록히드마틴, 드레이퍼, 그리고 47개 주에 본사를 둔 200개의 다른 중소 기업이 있다고 설명했다.

이들 기업은 인간을 달로 보내기 위해 검토 중인 다양한 발사체와 HLS를 설계하기 위해 자원과 공학적 노하우를 공유했다. 베이조스는 NASA가 처음에 경쟁 개발 방식으로 업체 두 곳을 선정하려고 했던 이유를 환기시켰다. 즉 임무 수행 중에 발생할 수 있는 사고 가능성, 개발 지연, 과도한 비용 발생 등을 낮추어야 한다는 점이다. 베이조스는 공개서한에서, NASA의 지속적인 예산 삭감을 지적하면서 블루오리진이 재정적 공백을 메울 수 있다며 구체적인 액수까지 제안했다.

록히드마틴이 만든 오리온아르테미스 1호가 NASA로 인도되었다.

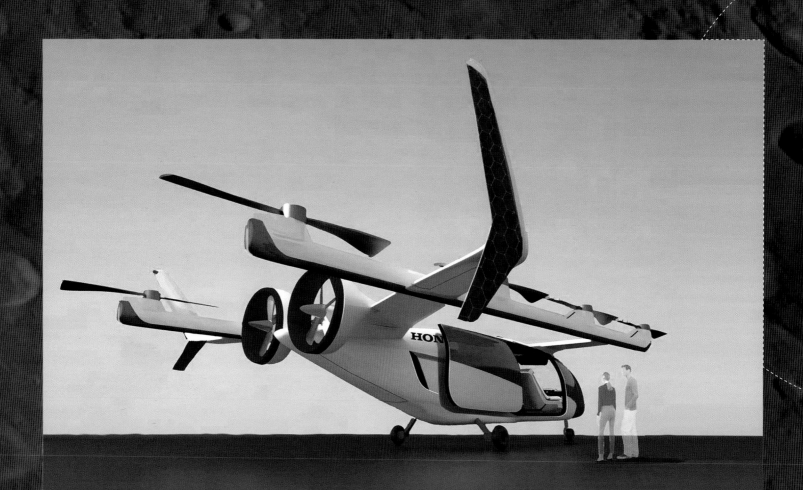

혼다는 NASA를 지원하기 위해 eVTOL과
그 외 다른 기술을 개발하고 있다. 하지만
혼다가 만든 eVTOL을 타고 실제로
인간이 달 주변을 다닐 수 있을지는 두고
볼 일이다.

그로부터 며칠 뒤 2021년 7월 말, GAO는 블루오리진의 항의를 기각했다. 달 착륙선 프로젝트에 참여하게 해달라는 베이조스의 주장을 무시한 것이다. GAO 성명에는 "NASA는 총 예산액 29억 달러(3조 4,800억 원) 정도에 스페이스X를 선정했다. 스페이스X는 최고 등급의 조건으로 최저가 제안서를 냈고, 블루오리진과 다이네틱스Dynetics가 제출한 제안서는 금액이 월등히 높다는 점에 주목했다. 그래서 NASA는 두 곳 이상의 업체를 선정하기에는 필요한 자금이 부족하다는 결론을 내렸다."라고 말했다. 즉 GAO는 NASA가 스페이스X를 단독 사업자로 선정하는 과정에서 어떤 규정이나 법을 어기지 않았다고 판단했다.

GAO의 판결 이후 블루오리진은 실망감을 드러냈다. 〈테크크런치〉 보고서에 따르면, 블루오리진 관계자는 "우리는 NASA의 결정에 근본적인 문제가 있다고 확신하지만, GAO는 사법권이 제한되어 있어서 이 문제를 해결할 수 없었다. 우리는 달 착륙선 제조 업체는 두 곳이 되어야 한다는 주장을 이어 나갈 것이다. 그것이 올바른 해결책이라고 믿기 때문이다."라고 말했다.

머스크는 GAO 단어 뒤에 이두박근 이모티콘을 붙인 트윗을 올리며 그 뉴스에 응답했다. 블루오리진 대변인은 NASA의 결정을 뒤집을 방법을 계속해서 찾을 것이며, NASA로 하여금 HLS 시스템 개발을 위해 기업 두 곳을 선택하도록 강제하는 법안을 상원에서 준비 중이다. 그 법안에 의원들이 새로운 조항을 추가해 문제를 해결할 가능성을 낙관적으로 보고 있다고 발언했다.

한편 2024년에 완성될 예정이던 NASA의 신형 우주복, 선외활동복Exploration Extravehicular Mobility Unit, xEMU도 기한을 맞출 수 없었다. 2021년 8월 감사에서 발표한 지연 목록에는 ISS 견본 슈트, 달 비행용 슈트, 심사용 추가 슈트도 포함되어 있었다. 감사 보고서는 "자금 부족, COVID-19 영향 및 기술적 문제로 일정이 지연되어, 완성된 xEMU를 인도할 시간적 여유가 없었다. 여러 요건을 종합적으로 고려해 보면, 새 우주복은 빨라야 2025년 4월에 비행 준비가 완료될 것이다."라고 밝혔다. NASA는 또한 우주 발사 시스템과 블루오리진의 항의 때문에 일시 중단된 HLS의 개발이 계속 지연되면 '2024년 달 착륙도 불가능해질 것'이라고 말했다.

〈스페이스뉴스〉의 최초 보도에 따르면, 그로부터 3일 뒤 2021년 8월 13일, 블루오리진은 NASA의 달 착륙선 프로그램에 참여하기 위한 투쟁을 확대한다는 차원에서 NASA를 고소했다. 이 소송은 미국 연방청구법원에 제기되었는데, 처음 GAO가 검토한 NASA의 사업자 선정 적절성 소송 관할권을 가지고 있는 곳이다. 블루오리진은 소송을 통해 8월 16일에 공개되었던 자사 사건에 관련된 모든 문서를 봉인해 달라고 요청했다. '소송 과정에서의 녹취록'과 더불어 '기밀, 소유권, 출처와 관련된 정보'가 포함되어 있다는 게 블루오리진의 주장이었다. 따라서 소송관련 자료 등은 비공개로 처리되었다.

블루오리진은 봉인 상태를 요청하며, NASA가 스페이스X를 단독 사업자로 선정한

← NASA는 달에 가려는 계획이 지연된 이유가 베이조스의 거듭되는 소송과 관련이 있다고 암시했다. 베이조스가 미국의 비행사 아멜리아 에어하트Amelia Earhart의 고글을 써보고 있다. 그는 이 고글을 쓰고 우주에 갔다.

→ NASA는 스페이스X를 달 착륙선 개발 프로그램의 단독 계약자로 선정해 업계를 놀라게 했다. 이에 스페이스X는 스타십 우주선 개발을 이어갈 것이다. 사진 출처: 스페이스X

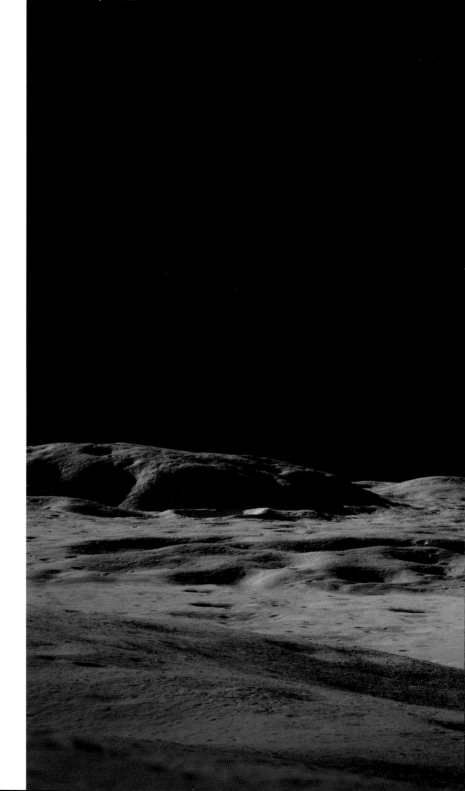

HLS 조항 A를 참조로 첨부했다. 요청에는 스페이스X의 낙찰가 BAA[27]를 참조하며 "보다 구체적으로, 이번 입찰에서 HLS '조항 A' BAA에 따라 제출된 제안을 NASA가 불법적이고 부적절하게 평가한 것에 이의를 제기한다."라고 쓰여 있다.

GAO가 최초 판결을 내리는 동안에 계약을 맺은 스페이스X의 달 착륙선 개발이 95일간 중단되었다. 머스크의 스타십 개발도 지연되고 아울러 아르테미스 프로그램이 모두 지연될 것처럼 보였다. 2021년이 끝나갈 무렵, 새로운 우주복, 루나 게이트웨이 등을 포함한 모든 관련 프로그램과 더불어 NASA의 아르테미스 1호의 발사 연기가 공식적으로 발표되었다. NASA가 예측한 바와 같이, 아르테미스 계획은 2022년 1월에는 진행되지 않았다. 〈CNBC〉 보도에 따르면, NASA 넬슨 국장은 11월 9일 열린 화상 회의에서 "2024년까지 인간을 달 착륙시키겠다는 트럼프 행정부의 계획은 기술적 측면에서 불가능해 보인다."라고 말했다.

또한 넬슨은 무인 우주선 아르테미스 1호가 2022년 봄에 달 궤도 비행에 나설 것이라고 덧붙였다. 하지만 SLS의 첫 번째 유인 우

---

27) 미국 정부 기관이 특정 연구 개발을 위해 외부 그룹에 제안을 요청하는 방법

주선 아르테미스 2호는 2024년 5월이 발사 목표라고 전했다. 아울러 후속으로 아르테미스 3호는 이르면 2025년이 되어야 아폴로호 이후 다시 인간을 달로 보낼 수 있을 것으로 전망했다.

〈더버지〉의 보도에 따르면, 머스크는 2021년 9월 말 열린 콘퍼런스 도중, 스페이스X의 HLS 스타십에 대한 블루오리진의 지속적 간섭에 대해 "고소를 많이 한다고 달에 갈 수 있는 건 아니다."라고 분통을 터뜨렸다. 모두 머스크의 말에 고개를 끄덕일 때였다. 블루오리진은 재빨리 스페이스X가 수많은 연방 기관과 민간 기업을 상대로 그동안 제기했던 분쟁 목록을 공개했다. 이 목록에는 스페이스X 대신 블루오리진과 발사 서비스 협정을 맺은 미국 공군과 정부도 이

름을 올렸다. 또 위성 발사체를 제공하기 위해 분쟁 중이었던 보잉과 록히드마틴도 들어 있었다. 물론 노스롭그루먼과 NASA에도 소송을 걸었는데, NASA가 스페이스X를 고려하기 전에 오비탈사이언스를 선정했다는 이유였다.

블루오리진이 공개한 이 문서에는 스페이스X가 취한 29번에 달하는 다툼을 GAO에 대한 항의, 기소, 연방통신위원회Federal Communications Commission, FCC에 반대 의견 제출로 나누어 정리했다. 재미있는 사실은 언론이 이 목록을 요청하지도 않았는데, 아마존은 스스로 친절하게 문서를 정리해서 〈더버지〉에 보냈다는 점이다. 아마존의 명단 공개 소식에 머스크는 "스페이스X는 경쟁에 참여하기 위해 소송을 제기했지만, 블루오리진은

↑ xEMU라고 불리는 NASA의 새로운 우주복은 출시가 무기한 연기되며 아르테미스 계획 전체에 차질을 빚게 했다.

→ 베이조스는 여러 기업의 기술 스펙트럼이 광범위해져 달을 향한 NASA의 야망도 커졌다고 주장했다.

경쟁을 중단시키기 위해 소송을 제기하고 있다."라고 트윗을 통해 답했다. 스페이스X는 민간 우주항공 시장의 문을 열고 들어가기 위해 법적 조치를 취한 것이고, 블루오리진은 시장의 발전을 막으려 한다고 주장했다.

어떻게 보면 베이조스는 경쟁자 머스크에게 말하고 있었다. 본인의 소송으로 머스크와 NASA가 곤란에 처할지는 몰라도, 나는 머스크에게서 배웠을 뿐이라고 말이다. 게다가 스페이스X는 2020년에도 정부와 기업을 향해 다툼을 벌였다. 이는 스페이스X가 주요 민간 우주항공 산업체가 된 지 한참이 지난 일이다. 베이조스의 논점이 완전히 틀린 것은 아니다. 하지만 상위를 차지하고 있는 우주 귀족 둘 가운데 누가 더 치사하게 게임을

하고 있는지는 중요하지 않다. 아르테미스와 스타십으로 다시 달로 돌아가기를 갈망하는 NASA와 우주 애호가들은 인간의 우주여행이 언제 법정 밖을 나와 최후의 개척지로 향할지 궁금할 따름이다.

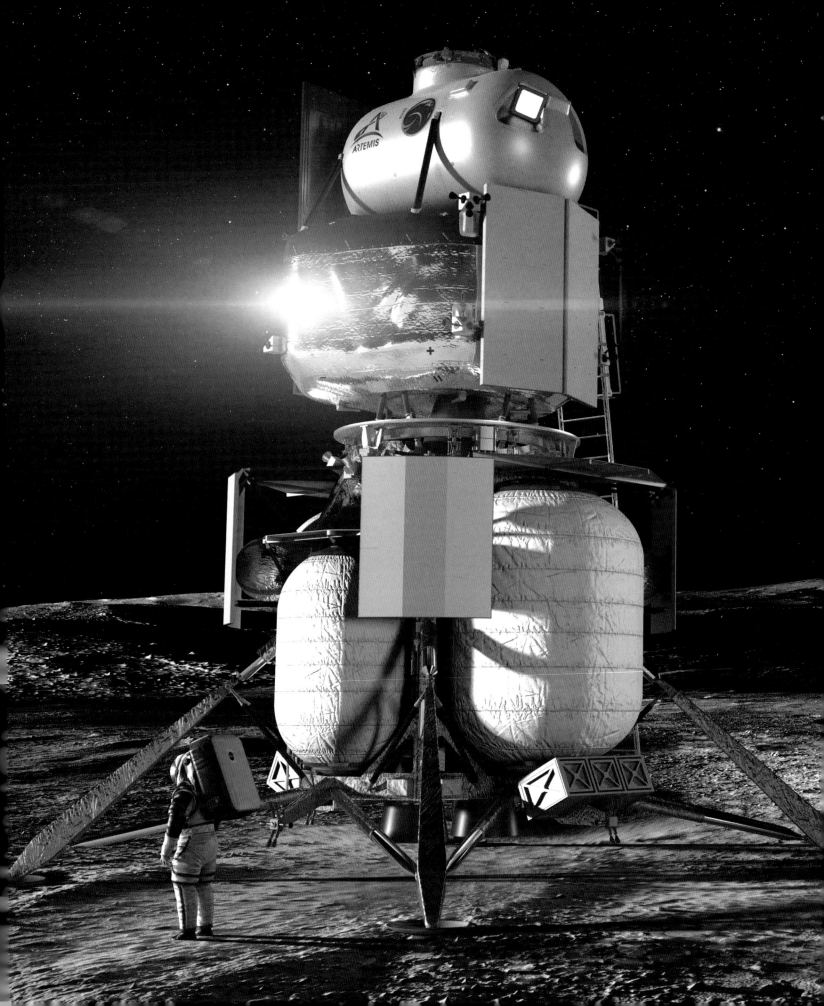

블루오리진은 그들이 만든 HLS 버전을 NASA가
계약에 포함하길 원했지만 NASA는 스페이스X와
단독 계약을 맺었다.

6

THE
RACE
ITSELF 우주경쟁

우주선의 엔진이 꺼지고 똑바로 선 자세를 유지했다. 스페이스X의 세 번째 시험발사체 스타십 SN10의 시험비행과 착륙을 취재하는 보도진이 환호성을 질렀다. 하지만 환호성은 곧 두려움으로 바뀌었다. 기체가 동력으로 하강하는 동안 강력한 랩터 엔진Raptor Engine으로 인해 선체 바닥에 불이 붙었다. 유독성 메탄 누출이 의심되었다. 해설자는 열기가 심해지면 선체 구조가 약해지면서 넘어질 수 있다고 우려했다. 최선을 다해 불길을 잡으려고 했지만 화염은 더 커져갔다.

전 세계는 10분 동안 불길에 휩싸인 스타십을 지켜봤다. 갑자기 밝은 섬광이 비치며 모든 것이 사라졌고, 이어서 거대한 화염이 화면을 가득 채웠다. 스타십 SN10 전체가 폭발하며 거대한 불덩어리가 되었다. 계속 생중계되던 뉴스가 되감기되는 이상한 장면이 연출되기도 했다. 특종을 다루던 주요 신문사는 이미 머스크가 인간을 달로 보낼 수 있는 차세대 재사용 우주선의 첫 번째 시험 착륙에 성공한 것을 축하하는 기사를 내

머스크가 세상에 공개하기 직전의 Mk1 로켓. 이 행사는 마치 세계가 우주경쟁의 새로운 장을 넘기는 느낌이었다.

보낸 다음이었다. 몇 분 동안, 세상은 성공과 실패라는 양립할 수 없는 두 현실 속에 존재했다.

사실 스페이스X는 이 상황을 어느 정도 예상했다. SN10이 연소하여 산산조각이 났을 때 근처에 아무도 없었던 이유가 바로 그 때문이다. 마침내 연기가 걷혔고, 2021년 3월 3일 구름 낀 하늘 아래에 남은 것은 메탄 탱크처럼 보이는 원뿔형 물체뿐이었다. 연기가 자욱한 착륙 구역에 파편이 비처럼 떨어지고 있었다. 거의 성공에 가까웠던 2021년 스타십 발사의 안타까운 결말이었지만, 시도에서 실패, 또다시 실패로 이어지는 과정은 이미 스타십 시험 비행의 일상이었다.

스타호퍼 도약하다

팰컨9와 슈퍼헤비Super Heavy 부스터 로켓은 강력하지만, 장기적인 심우주 미션을 위해 설계된 것은 아니었다. 심우주 미션에는 거주 공간은 말할 것도 없고 기동성과 다량의 물자 공급을 위해 연료가 더 많이 필요하다고 예측했다. 이러한 이유로 머스크는 스타십에 스페이스X의 프로토타입 로켓, 스타호퍼Starhopper를 도입하게 되었다.

첫 번째 도약은 작은 결함이 발생해 지상 팀이 7월 24일로 예정된 시험을 중단한 다음 날 이루어졌다. 〈스페이스닷컴〉의 보도에 따르면, 스타호퍼 엔진의 연소실 압력이 과도하게 높아져서 발사가 중단되었으며, '추진제가 예상보다 차가워서' 발생한 결과라고 알렸다. 7월 25일 랩터 엔진 하나를 장착한 스타호퍼는 자정이 지나고 몇 분 후 지상에서 상승하여 목표 고도인 20미터에 도달하고 안전하게 지구로 돌아왔다. 머스크는 트위터

↑ | 스타십 SN10의 파괴된 랩터 엔진

→ | 단일 랩터 엔진을 사용하는 스타호퍼. 재사용 가능성 등 스타십의 주요 특징을 시험했다.

PLEASE
DISPOSE OF
CIGARETTE BUTTS
IN THE PROVIDED
RECEPTACLES
THANK YOU.

DESIGNATED
SMOKING
AREA

를 통해 "스타호퍼 시험비행, 성공적! 물탱크[28]도 날 수 있다 하하!"라고 밝혔다.

이 발사 성공을 위해서는 개량한 소재가 매우 중요했다. 머스크는 후속 트윗에서 "고강도 스테인리스스틸로 만들어서 열이 좀 발생해도 신경 쓸 필요가 없다는 게 장점!"이라고 덧붙였다. 이 스타호퍼 최초의 자유비행은 스페이스X가 18번째 로봇 화물선을 ISS로 발사하고 약 6시간 만에 이루어졌다. 팰컨9 로켓으로 크루드래곤Crew Dragon[29] 캡슐을 궤

도 실험실로 쏘아 올린 것이다. 팰컨9는 세 번째 캡슐 운송이었고, 팰컨9의 1단 로켓이 두 번째로 재사용된 비행이었다.

스타호퍼는 2019년 4월 초에 지상에 묶인 채로 두 번의 호핑[30] 테스트를 치렀는데, 이때 천천히 호버링[31]하는 연습을 했다. 두 번째이자 마지막으로 안전줄 없이 치른 호핑 테스트는 2019년 8월 27일에 이루어졌다. 로켓은 동부 표준시로 오후 6시에 이륙한 후 거의 500피트(152미터)까지 상승하여 약

300피트(91미터)의 측면 거리를 맴돌았고 57초간 비행 후 별도의 착륙대에 착륙했다.

스타호퍼는 시험비행과 발사에 대한 면허를 허가하는 기관인 FAA의 명령에 따라 비행 제한 고도에 도달했다. 〈스페이스닷컴〉 보도에 따르면, 이 마지막 호핑은 이전 세 번의 비행보다 훨씬 고도가 높았고, 처음에 8월 26일로 예정되어 있었던 8월 비행 일정 역시 랩터 엔진 점화기에 문제가 있는 것으로 추정되어 이륙 직전 취소되었다. 그러나 이러한

"물탱크도 날 수 있다. 하하!"

— 머스크

← | 머스크는 단일 랩터 엔진을 장착한
스타호퍼의 자유비행 시험 영상을
공유했다.

→ | 스페이스X가 랩터 엔진의 자유비행을
시험하기 전 스타호퍼 모습. 스페이스
X는 우주왕복선 엔진으로 랩터 엔진을
선정했다.

↓ | 스타십 SN10은 중요한 자료를 수집할
거라는 큰 기대를 짊어지고 스페이스X의
보카치카 기지에서 발사되었다.

스타십은 높은 온도를 견딜 수 있는 고강도 스틸을 쓰기 위해 탄소섬유 사용을 배제해 설계되었다.

> ## "스테인리스스틸은 지금까지 우리가 설계하며 내린 결정 중 최고의 결정이다."
> — 머스크

몇 번의 스타호퍼 비행으로 랩터 엔진의 강인함이 효과적으로 입증되었다. 랩터 엔진은 스타십과 1단 로켓 파트너인 슈퍼헤비의 성공 길을 열어주었다.

스테인리스스틸 우주선

스타호퍼 시험이 완료되면서, 스타십 프로토타입으로 시선이 집중되었다. 처음 두 프로토타입, 스타십 Mk1과 스타십 Mk2는 별도의 시설에서 제작되었다. 스페이스X의 내부 경쟁을 촉진하기 위해, Mk1은 텍사스 보카치카에서 Mk2는 플로리다 스페이스 코스트에서 각각 만들어졌다. 처음 두 스타십 우주선은 각각 3개의 랩터 엔진으로 동력을 공급받으며 시험발사할 예정이었다.

그리고 2019년 9월 28일 저녁, 머스크는 완성된 스타십 우주선을 세상에 공개했다. 기술자와 엔지니어로 구성된 팀이 우주선 조립을 마친 지 불과 몇 시간 만이었다. 데뷔 행사는 리오그란데강 근처의 노천 조선소에서 이루어졌다. 머스크가 스페이스X 직원과 언론 외에도 텍사스 브라운스빌과 인근 마을 주민을 포함해 참석자 수백 명과 이야기를 나누는 장면은 낯설어 보였다. "이것은 내가 본 것 중 가장 영감을 주는 존재다." 청바지에 티셔츠를 입고 그 위에 검은색 재킷을 걸친 머스크는 이 거대한 차세대 로켓이 마치 지성을 지닌 존재라는 듯 여기며 말했다.

화성이 전보다 더 가까워졌다고 느껴지자 관중은 환호했다. 마침내 만질 수 있는 미래를 향해 나아가고 있었다. 그리고 그 미래는 50피트(15미터) 높이의 거대한 은색 강철 로켓의 형태를 띠고 있었다. 군중이 그 순간을 만끽하는 동안, 머스크는 새로운 우주선의 몇 가지 주요 특징을 공유했다. "스테인리스스틸은 지금까지 우리가 설계하며 내린 결정 중에 최고의 결정이다."로 말을 꺼냈다. 탄소복합재나 알루미늄 기반 재료와 달리 스테인리스스틸은 쉽게 부서지지 않는다. 또한 대기권 재진입 시 높은 온도를 견뎌야 하는데, 스테인리스스틸은 화씨 2,732도(섭씨 1,500도)가 될 때까지 녹지 않는다. 이것은 스타십이 단열 타일로 구성된 열 차단제만 있으면 한계 상황에서도 버틸 수 있다는 것을 의미한다.

또한 스테인리스스틸을 사용하면 비용이 절약된다. 탄소섬유는 재료비가 톤당 13만 달러(1억 5,600만 원)에 이르지만, 스테인리스스틸은 톤당 2,500달러(약 300만 원)에 불과하다. 머스크는 데뷔 행사에서 "스테인리스스틸은 용접하기 쉽고 날씨에 영향을 받지 않는다. 공장을 짓지 않고 야외에서 용접한 것이 그 증거다. 솔직히, 나는 스테인리스스틸을 사랑한다."라고 덧붙였다.

← 팰컨9는 스페이스X의 크루드래곤 캡슐을
ISS로 쏘아 올렸다.

→ 스페이스X와 NASA의 파트너십은
스타십 프로그램 자금을 모으는 데
도움이 되었다.

그러나 모든 사람이 머스크처럼 강철과 스타십을 향한 희망과 열정으로 들뜬 것은 아니었다. NASA는 머스크의 최신 우주선에는 거의 투자하지 않았지만, 스페이스X의 팰컨9와 유인 발사체 계약을 맺으며 많은 투자를 해왔다. 그래서 머스크의 스타십이 텍사스에서 공개되기 전날 밤, 짐 브리딘스틴Jim Bridenstine 당시 NASA 국장 대행은 머스크의 추진 일정에 대해 조심스레 우려를 표했다. 스페이스X가 스타십에 과도하게 전념하는 것에 대해 "NASA는 미국 납세자가 투자한 것에도 같은 수준의 열정이 집중되기를 기대한다. 이제 그 기대에 보답할 시간이다."라고 분위기를 가라앉혔다. 하지만 머스크는 스타십을 생산하고 공급하는 데 스페이스X 인력의 약 5퍼센트 정도만 투입했다고 말했다.

6,000명에 이르는 핵심 인력은 상업 유인 우주선 프로그램Commercial Crew Program, CCP의 두 가지 중요한 요소인 팰컨9 로켓과 크루드래곤 작업 현장에서 일하고 있다고 반박했다.

스타십 데뷔 행사가 끝날 무렵, 머스크는 IT 매체 〈아르스테크니카〉의 질문에 답했다. 인류를 달로 돌려보내는 미션 일정과 화성을 향해 거대한 도약을 꿈꾸는 머스크의 원대한 목표에 관한 질문이었다. "달 착륙의 성공은 지속적인 개발이 가능하느냐에 달렸다. 개발이 폭발적 성장세를 유지한다면, 2년 정도면 가능하다."

머스크는 2022년까지 스타십을 통해 화성으로 화물을 운송하는 것에 낙관적이었다. 하지만 복잡한 문제가 생겨서 지연될 경우 어떤 것도 약속할 수 없다는 지나치게 신중

↑ | NASA의 짐 브리든스틴은 머스크가 NASA에 한 약속을 이행하길 기다리고 있다.

↑ | 마에자와는 머스크의 첫 번째 예비 심우주비행 고객이다.

↓ | 크루드래곤은 수산화리튬을 사용해 공기 중의 이산화탄소를 청소한다.

한 태도도 보였다.

스타십 개발 자금 대부분은 위성 발사에서 얻었지만, 개인 투자자에게서도 1억 달러(약 1,200억 원)를 추가로 지원받았다. 여기서 주목할 만한 투자자 일본인 억만장자 마에자와 유사쿠는 머스크의 첫 번째 심우주비행 고객이 될 예정이다. 그는 달 궤도를 돌고 나서 지구로 돌아올 계획이다.

머스크는 〈아르스테크니카〉와 인터뷰에서 "우리는 우주선을 궤도에 올려놓고 어쩌면 달 주위를 한 바퀴 도는 모습까지도 볼 수 있다. 달에 가거나 화성에 착륙하려면 돈을 좀 더 모아야 할 것 같다. 하지만 스타십을 지구 저궤도나 달 주위에서 작동 가능한 수준으로 만드는 정도는 충분히 할 수 있는 상황이다."라고 말했다.

일단 궤도에 진입하고 심우주로 가려면 스타십에 탑승한 승무원의 생명에 이상이 없어야 한다. 물론 스페이스X는 NASA ISS 유인 미션에 필요한 크루드래곤 우주선을 설계하면서 이 부분도 철저히 준비했다.

머스크는 데뷔 행사 동안 "우리는 그동안 많은 것을 배웠기 때문에 유인 미션은 다른 방식으로 할 것이다."라고 계획에 관해 설명하며, 이전의 달 미션과 자신의 유인 미션을 차별화했다. "크루드래곤 내부의 생명 유지 시스템 모두를 재활용할 수는 없다. 기본적으로 대부분 소모품이다." 크루드래곤은 수산화리튬을 사용해 우주비행사가 내뿜는 이산화탄소를 제거하고 탄산리튬과 물 같은 부산물을 만들어낸다. 이는 승무원 4명이 나흘 동안 여행하기에 충분한 조건이며, 이 과정

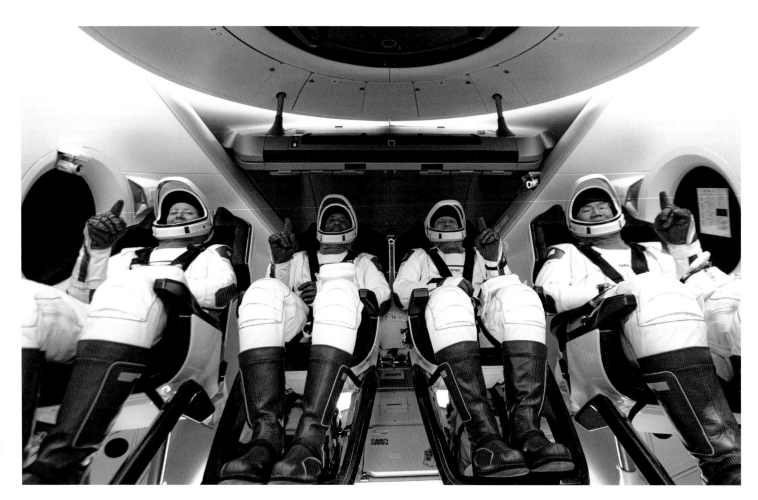

으로 달 궤도에 올랐다가 달 표면에 착륙하는 짧은 임무를 수행하는 동안 생명을 유지할 수 있다는 뜻이다. 하지만 화성에 가는 것은 완전히 다른 문제다.

NASA, 경쟁에 응하다

화성 여행의 최단 기간은 기존의 화학 추진체 로켓을 통해서는 6개월이며, 왕복에는 최대 2년 반이 소요된다. 최종 단계에 있는 스페이스X의 스타십 시스템은 최대 100명을 싣고 화성을 오갈 수 있다. 이 정도 규모의 생명 유지 시스템에는 머스크 자신도 실현하려면 조금 더 노력해야 한다고 말한 생명 재생 시스템이 필요하다. 스타십이 인간을 쏘아 올릴 수 있기까지 갈 길이 멀다. 하지만 NASA가 심우주 미션을 위해 제작 중인 차세대 로켓 SLS이 발사되기 전, 스타십이 먼

저 궤도에 도달할 가능성은 여전히 더 커 보인다.

앞서 2019년 9월 앨라배마주 상원의원 리처드 셸비Richard Shelby는 트위터를 통해 NASA가 SLS 1단 로켓 본체 코어 스테이지의 5개 통합 구조를 결합한 것에 대해 좋은 소식이라고 언급했다. 이 정도 크기의 로켓이 조립된 것은 아폴로 계획 이후 처음으로, 이는 획기적인 성과다. 하지만 아직 SLS 완성 초기 단계였고, NASA와 코어 스테이지 계약자인 보잉은 새로운 발사체의 첫 시험비행으로 가는 길에 중대한 문제에 부딪히게 된다.

NASA는 2014년까지 수천만 달러를 투자해 루이지애나 남부에 있는 미슈드 조립 시설을 현대화했다. 이곳은 코어 스테이지가 만들어진 곳이다. 비영리 단체인 랜드의 국제 국방 연구원 피터 윌슨Peter Wilson은 〈휴

머스크에게는 안된 일이지만 테슬라를 타고 화성에 갈 수는 없다. 2018년 2월 스페이스X가 발사한 우주선도 궤도가 잘못됐기 때문에 화성에 도달하지 못할 것이다.

스턴크로니클〉의 보도에서 이처럼 말했다. "NASA가 미슈드 같은 곳에 돈을 쏟아붓는 건 엄청난 낭비다." NASA는 2021년 말 발사된 제임스웹 우주망원경 경우에서도 이처럼 투자를 늘린 적이 있다. 이에 대한 한 가지 추측해볼 수 있는 것은, 의회가 2~6년 주기로 보조를 철회하는 것을 막으려는 NASA 나름의 해결책이라는 것이다. 행정부와 국회의원이 계속 교체되며 우주 프로그램 자금 지원 정책이 계속 바뀌기에 NASA로서도 뾰족한 수가 없어 보인다.

2019년까지 NASA는 100억 달러(약 12조 원) 이상을 투자하고 5년 반이라는 긴 개발 기간을 거쳐 SLS 발사 시스템을 개발했다. NASA 관계자 중에는 긴급성이 부족해서 개발 기간이 길어진 것이라고 의견을 낸 사람도 있었다. 인간을 심우주로 보내기 위해 고안된 헤비리프트Heavy-Lift 로켓 같은 대표적 개발 프로그램은, 설계 단계에서는 자금이 부족하더라도, 개발 중에는 늘어났다가, 생산이 진전되면 최종적으로 줄어드는 패턴일 때 원활하게 진행된다.

이 이상적인 시나리오를 깨고, 의회는 기준치에 맞춰 연간 20억 달러(약 2조 4,000억 원)라는 예산을 책정해 SLS 로켓 프로그램을 승인했고, 대략 이 수준에 인플레이션을 고려한 재정 지원을 유지했다. 이것은 프로젝트에 연관된 인력의 고용 안정성이라는 측면에서는 긍정적이다. 하지만 빠듯한 기한에 맞춰 완전히 새로운 로켓 시스템을 개발하기에는 그다지 효율적인 방법이 아니다. SLS 로켓의 코어 스테이지는 높이가 212피트(64.6미터), 지름이 27.6피트(8.4미터)이며, 우주왕복선 메인 엔진 4대가 들어간다. 이와는 대조적으로, 스페이스X의 스타십 프로토타입은 다른 접근 방식을 취했다.

스타십 Mk1은 높이가 164피트(50미터), 지름이 30피트(9미터) 정도로, SLS 로켓과

← | NASA의 우주 발사 시스템 고체연료 로켓 부스터가 분리 로켓을 발사하고 코어 스테이지에서 밀어내는 모습을 나타내는 구상도. NASA가 달 탐사를 위해 개발 중인 차세대 심우주 로켓 SLS 는 많은 지연을 겪었고 많은 돈이 들었다.

→ | NASA의 SLS 코어 스테이지 시험발사에는 2019년까지 이미 100억 달러(약 12조 원)가 소요됐다.

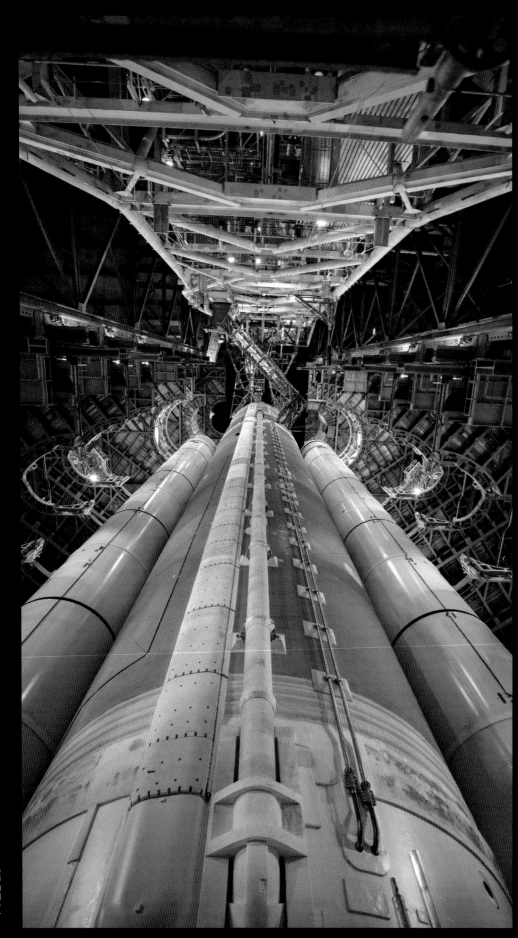

스타십은 완전히 적층된 로켓의 2단
또는 상단이다. 하단부 또는 1단 로켓은
슈퍼헤비라고 불린다.

크기가 거의 같다. 그러나 둘 다 같은 형태로 완성된 것은 아니다. 스타십은 차세대 로켓 우주선 슈퍼헤비의 상위 또는 2단 스테이지에 불과하다. SLS에는 예전 우주왕복선 프로그램에 사용된 부스터를 기반으로 제작한 고체연료 로켓 부스터 2대가 평행으로 장착된다. SLS 코어 스테이지 제작에 수십억 달러가 들었고 완성하는 데 거의 10년이 걸렸다. 하지만 스타십 Mk1은 2019년에 불과 몇 달에 걸쳐 만들어졌으며 미국인의 세금을 거의 쓰지 않았다는 점이 중요하다. 물론 정부 보조금과 머스크와 에이전시 간의 법적 분쟁은 뺐다.

그리고 SN5 스타십 프로토타입은 2020년 초 제작된 지 1년도 채 되지 않아 첫 번째 호핑에 성공한다. 머스크는 스타십을 처음 선보일 당시 "일정이 길면 잘못된 것이고, 빠듯하면 맞는 것이다."라고 말했다. 프로토타입의 시험비행이 보여주듯이, 그는 틀리지 않았다. 그러나 빠른 속도로 새로운 엔지니어링 모델을 테스트하다가 속도가 느려지는 병목 단계에 접어들면 다소 불안정한 출발이 예상되기 마련이다. 스타십이 세상에 나온 지 몇 달 후인 2019년 11월 20일 그런 일이 벌어졌다. 보카치카 시설에서 예비 시험을 하던 Mk1 프로토타입에 치명적인 오류가 발생했다. 극저온 시스템을 시험하는 도중에 뚜껑이 날아간 것이다.

이것은 로켓이 극도로 낮은 우주 온도를 견딜 수 있는지 확인하는 표준 시험이었다. 트위터에 사진을 올리기도 전에 감압장치가 폭발하는 로켓에 탑승하고 싶은 사람은 없을 것이다. 따라서 스페이스X가 아무도 태우지 않고 지구 대기권 내 지상에서 테스트한 것은 사실 다행이었다. 다음 단계는 Mk3였다(Mk2는 2020년 플로리다 시설이 해체되면서 중단되었다). SN1이라고도 불리는 Mk3는 2020년 2월 28일 텍사스 기지에서 가압 시험 도중 파괴되었다.

동부 표준시로 오후 11시경, 순수 액화질소 연료를 공급받는 시험발사대 위에서 높은 압력을 받아 발사체의 둥근 윗부분이 터지는 장면이 여러 테스트 영상에 찍혔다. 랩터 엔진이 설치되지도 않았고 노즈콘[32]도 없었지만, 우주선 바닥 근처에서부터 예정에 없던 빠른 분해가 시작되며 상단 부분이 공중으로 날아가는 듯 보였다. 그리고 상단 부분이 떨어지자, 1차 폭발로 인해 압축된 부분에서 2차 폭발이 발생했다. 다음날 아침, SN1는 거의 형체를 알아볼 수 없었다.

당연히 폭발로 인한 부상자는 없었지만, 머스크는 "그래서…… 여러분의 밤은 어땠나요?"라는 자막과 함께 동영상을 트위터에 남겼다. 그날이 끝날 무렵, 스페이스X는 이미 다음 시험비행(스타십 SN2)을 준비하고 있다는 소식이 들려왔다.

머스크는 로켓 생산의 진정한 장애물은 설계 직후의 단계, 즉 대량 생산과 가동 준비를 완료하는 것에 있다고 생각했다. 〈스페이스뉴스〉와 인터뷰에서 "우주선을 제작하고, 많이 만들고, 또 자주 발사하는 것이 어려운 부분이다."라고 말했다. 몇 주 후인 2020년 3월 8일, 스타십 SN2는 극저온 압력 테스트를 통과했다. 머스크는 다음날 트위터에 "(하부 배관을 부착한) SN2는 어젯밤 늦게 극저온 압력 테스트와 엔진 부하 테스트를 통과

스페이스X의 보카치카 시설에서는
초현실적인 광경을 볼 수 있다.

SLS는 우주왕복선 엔진을 사용한다. 적절하긴 하지만 엔진 역시 40년 된 디자인이다.

했다."라고 밝혔다. 당시, 한 트위터 팔로워가 극저온 테스트에 성공한 다음에는 무엇을 할 거냐고 질문하자, 머스크는 SN3와 SN4가 고정 발사와 단거리 비행을 하게 될 것이라고 답했다. 하지만 SN3와 SN4는 둘 다 발사에 성공하지 못했고, 어두운 운명을 기다리고 있었다.

4월 2일, 스페이스X는 SN3의 테스트를 시작했지만, 비디오 영상으로 봐서는 조짐이 좋아 보이지 않았다. 보카치카 발사장에서 또 한 번의 압력 시험에 돌입한 이 우주선은 돌연 붕괴했다. 머스크의 주장에 따르면 잘못된 명령 입력으로 선체 내부 압력이 떨어져 구조물이 무너졌다고 한다. 머스크는 SN3의 테스트 실패에 대해 "압력 조절 밸브가 중복으로 설치되어 있었다."라고 트위터를 통해 밝혔다. "SN3는 새로운 시스템이고, 단순

히 명령이 잘못 입력되었을 뿐이다. 로켓을 다루기는 쉽지 않다. 다행인 것은 이것이 설계나 구조의 문제가 아니라 절차상 오류였다는 점이다. 액체산소 탱크 얼리지[33] 속의 압력이 충분하지 않아 메탄 탱크 내 과부하가 생겨 안정성을 유지할 수 없었다. 이것이 N2에서 일어난 일이다." 그는 이렇게 덧붙이며, SN2 압력 테스트에 성공함으로써 이미 이 문제를 해결했다고 언급했다.

5월 5일, 처음으로 랩터 엔진을 장착한 스타십 SN4는 시리즈 중 최초로 진정한 의미의 시험비행에 성공할 수 있다는 희망을 불러왔다. 짧은 고정 시험발사 동안 SN4의 단일 엔진이 밤하늘을 밝혔다. 머스크는 시험비행에 성공한 후 트위터에 "스타십 SN4가 고정 발사 테스트를 통과했다."라고 적었다. 다음 시험은 SN4가 고정 장치 없이 약

152미터(500피트)까지 오르는 호핑에 성공하는 것을 목표로 했다. 그러나 이러한 희망은 5월 29일 오후 2시 49분경 거대한 불구덩이를 일으키며 선체가 폭발하는 바람에 산산조각이 났다. 이 시험에서는 앞으로 있을 호핑 시험에 대비해 랩터 로켓 엔진을 짧은 시간만 연소했다.

하지만 모든 것을 잃지는 않았다. SN4가 실패로 종료되기 전날, 스페이스X는 FAA로부터 스타십 우주선의 공식적인 발사 허가를 받았다. 그리고 한 달 전, NASA는 아르테미스 프로그램을 시작하자마자, 마침내 우주비행사를 달로 보낼 주요 상업용 우주선 3대 중 하나로 스페이스X의 스타십을 선택했다. 그러나 무엇보다 좋은 소식은 스타십의 생산이 속도를 내기 시작했다는 것이다. 머스크는 연이어 인력을 충원한 후, 완전히 새로운

"아마 1,000척 정도의 우주선이 필요할 것이고, 각각의 우주선은 새턴 V보다 더 많은 페이로드를 실을 수 있고 재사용이 가능할 것이다."

— 머스크

이 길이 끝나는 곳. 스페이스X의 스타십 발사장에서 우주로 가는 길이 시작된다.

스타십을 일주일마다 한 대 이상 개발하겠다는 비상식적인 목표를 밝혔다.

일주일마다!

이와는 대조적으로, NASA의 우주 발사 시스템은 지난 10년간 개발되어왔지만, 이 기간 동안 단일 코어 스테이지만 완료한 상태였다. 게다가 NASA가 SLS를 발사하면, 각각의 코어 스테이지는 한번 사용된 후 바다에 버려진다. 또한 NASA는 새로운 세기의 우주여행을 위해 새로운 엔진을 설계하는 대신, 40년 전에 만들어진 우주왕복선 프로그램의 주요 엔진 설계를 사용하고 있다. 2022년 초 현재까지, 완성된 SLS는 아직도 이륙하지 못했다. 그래서 더욱, 대당 500만 달러(약 60억 원)의 제작비가 드는 스타십을 2020년에는 매주 한두 대 만들겠다는 머스크의 계획이 말도 안 될 정도로 지나치게 의욕만 앞서는 것처럼 보였다.

〈아르스테크니카〉의 에릭 버거Eric Berger는 머스크와 인터뷰에서 "그건 정신 나간 소리다."라고 말했다. 이에 머스크는 "그렇다, 미친 짓이다."라고 대답했다. 버거는 "내 말은, 정말 미친 짓이라는 것이다."라고 반복했다. 머스크는 "맞다, 정상은 아니다. 우리가 하는 일은 전통적인 우주 패러다임과 맞지 않는다. 우리는 화성을 생명체가 살 수 있는 곳으로 만들기 위해, 즉 인류를 다중행성종으로 만드는 데 필요한 거대한 함대를 제작하고 있다. 아마 1,000척 정도의 우주선이 필요할 것이고, 각각의 우주선은 새턴Saturn V[34]보다 더 많은 페이로드를 실을 수 있고 아울러 재사용도 가능할 것이다." 머스크는 화성에 정착지를 건설하는 데 필요한 행성 간 운송의

---

34) 유인 달 탐사를 목적으로 개발한 초중량 로켓

인류를 다중행성종으로 만드는 열쇠는
스타십을 적정한 규모로 만드는 것이다.
들리는 바에 의하면 머스크는 304L
스테인리스스틸과 '사랑에 빠졌다'고
한다.

스타십 SN8은 예정된 장소에 정확히 착륙했다.
너무 빨리 착륙했을 따름이다.

규모를 강조했다.

뒤이어 머스크는 진정으로 자급자족할 수 있는 공동체를 화성에 만들려면 운송 규모가 '아마도 100만 톤 이상일 것'이라고 추정했다. 그러나 이를 실현하기 위해 머스크는 인력 충원 이상이 필요했다. 그는 〈아르스테크니카〉와 인터뷰에서 "무언가를 합리적 부피로 만들려면 그 기계를 만드는 기계를 만들어야 하는데, 이것은 단순히 기계를 만드는 것보다 수학적으로 훨씬 더 복잡하고 난해한 작업이 될 것이다."라고 말했다. 사실 그 기계를 실제 제작하는 과정은 틀림없이 멀고 험할 것이다.

스페이스X 엔지니어에게 3일은 12시간씩 일하고 4일간 긴 주말을 갖는 일정이 주어졌다. 그 후에는 12시간 교대 근무를 하고 3일간 쉬는 식으로 변경했다. 이렇게 하면 보카치카 기지가 매일 24시간 풀가동을 할 수 있다는 의미였다. 탈진의 경계에서 일하고 있는 근로자에게는 사소한 위안이지만, 스페이스X는 3시간마다 모든 사람에게 따뜻한 음식을 제공했다.

스타십 SN5가 만들어진 시점에 스페이스X는 2020년 6월 첫 번째 궤도 발사대를 완성한 상태였다. 가장 최근의 프로토타입 로켓은 7월 1일 노즈콘 없이 실험하기 위해 옮겨졌고, 그날 저녁 극저온 내구력 실험을 성공적으로 통과했다. 스페이스X가 불과 한 달 전에 설계상의 오류로 SN4를 장엄하게 태우며 폭발시켰지만 빠르게 회복할 것을 예고하는 대목이었다.

극저온 내구력 시험은 스타십의 추진제 탱크에 액체 질소를 채운 다음 최대 비행 수준으로 압력을 가한다. 이러한 비행 압력에 도달하면, 추력 시뮬레이터라고도 불리는 유압 피스톤이 우주선 바닥을 밀어내는데, 이를 통해 랩터 엔진을 사용한 실제 발사에서 어느 정도의 힘이 생성될지 예상할 수 있다.

몇 달 후인 2020년 8월 4일, SN5는 첫 번째 호핑 테스트를 치렀다. 싱글 랩터 엔진 발사를 통해 거의 152미터(500피트)까지 치솟았다가 하강하며 폭발하지 않고 매끄럽게 착륙했다. 스페이스X의 분위기가 들끓었다.

그로부터 딱 한 달 후 2020년 9월 3일, 스타십 SN6도 같은 호핑 테스트를 선보였는데, 기본적으로 같은 고도로 상승한 후 아무 문제없이 착륙했다. 스타십 프로토타입 시리즈는 12마일(19.5킬로미터)이라는 달성하기 힘든 고도를 목표로 삼았다. 하지만 스페이스X는 아직 500피트(152.5미터) 위로 스타십을 발사하지 못하고 있었다. SN7이 그 자리를 이어받아 더 높은 고도를 비행할 수 있을 거라고 예상하는 사람도 있지만, SN7은 더는 존재하지 않았다. 무슨 이유였을까? 머스크는 다른 것을 염두에 두고 SN7을 의도적으로 파괴했다. 2020년 6월 23일, 스페이스X는 최대 격납용기 압력을 초과할 때까지 SN7의 거대한 탱크에 한계 이상으로 액체 질소를 채웠다. SN7은 피어오르는 하얀 질소 연기를 대기 중으로 뱉어냈다.

이러한 사건들은 보카치카 현장에 있는 〈나사스페이스플라이트닷컴〉 기자팀에 의해 계속 다뤄지고 있다. 이들은 스페이스X의 모든 시험발사와 시험비행을 담은 중요한 비디오 영상을 실시간으로 공유했다. 〈나사스페이스플라이트닷컴〉의 헌신이 없었다면, 전 세계는 발사 장면과 빈번히 폭발로 마무리되는 장면을 담은 영상과 자료를 초기에 접할

← 스페이스X는 2021년 2월 2일 보카치카 시설에서 스타십 SN9를 시험비행했다.

→ SN9는 고고도 시험비행 이후 폭발해 불덩어리가 된다. 이 사건으로 스페이스 X 엔지니어는 다음 프로토타입 발사를 향상하는 데 도움이 될 풍부한 데이터를 얻었다.

수 없었을 것이다. 예를 들어 SN7이 폭발했을 때, 카메라가 포착한 영상은 탱크가 어떻게 폭발하고 붕괴했는지를 보여주었고, 그 후 카메라는 점점 커지는 질소 연기 기둥 속으로 추락했다.

〈스페이스닷컴〉 보도에 따르면, 머스크는 SN7이 누출사고를 겪은 것이지 폭발한 것은 아니라고 말했다. 아마도 스페이스X가 301 스테인리스스틸에서 304L로 바꿨기 때문일 것이라고 예상했다. 머스크는 트위터를 통해 "탱크는 터지지 않았다. 기압이 7.6바[35]인 상태에서 누출된 것이다. 이는 훌륭한 결과이며, 304L 스테인리스스틸이 301보다 낫다는 생각을 뒷받침한다. 이것을 더 발전시키기 위해 우리만의 강철을 개발하고 있다. 폭발하기 전에 누출하는 것은 매우 바람직하다."라고 밝혔다.

스타십 시험비행

2020년 12월 9일, 마침내 때가 되었다. 동부 표준시로 오후 5시 45분, 스페이스X의 SN8은 보카치카에서 최초로 고고도 시험비행을 진행했다. 이 비행의 목적은 최소 12.5 킬로미터 높이까지 비행하여 복잡한 공중 기동을 수행한 후 발사대에 안전하게 착륙하는 것이었다. 공중에서 벌인 인상적인 곡예 중 하나는 벨리플롭[36]이었는데, 스타십이 온전히 작동하며 대기권에 재진입하는 데 필요한 동작을 말한다. 높이가 50.5미터인 SN8은 이 모든 목표를 성공적으로 달성했다. 마지막은 제외하고 말이다.

발사 후 6분 42초가 지나, 스타십 SN8은

지정된 위치에 정확히 착륙했지만, 돌이킬 수 없을 정도로 과한 속도로 착륙하는 바람에 폭발했다. 머스크는 "착륙 연소 중에 연료 압력 조정 탱크의 압력이 낮아 착륙 속도가 빨라지고 RUD[37]가 발생했지만, 필요한 데이터는 모두 확보했다! 스페이스X 팀 축하해!" 라고 트위터에 올렸다. 이어진 트윗에서 "화성아, 우리가 간다!"라고 덧붙였다. 십중팔구 폭발로 인해 실패할 가능성이 컸다. 머스크도

SN8이 한 덩어리가 아니라 여러 조각으로 돌아올 가능성을 70퍼센트 정도로 예상했다. 지금까지 있었던 스타십 프로토타입 테스트 중 가장 까다롭고 복잡한 시험이었기 때문이다. 또한 SN8은 이전 모델들과는 달리 노즈콘을 갖추고, 랩터 엔진 3개를 장착하고, 비행 중 자세를 안정화하기 위해 본체에 플랩[38]을 달았다.

SN8 첫 비행의 중요성은 아무리 강조해

---

35) 기압의 단위로, 1,013바는 1기압과 같다.

36) 비행체가 옆으로 회전해서 떨어지는 자세, 배면 낙하

37) 계획에 없던 신속한 분해, 흔히 발사대 위에서 폭발하는 것을 말한다. Rapid Unscheduled Disassembly의 약자

38) 항공기의 주 날개 뒤에 장착해 주 날개의 형상을 바꿈으로써 높은 양력을 발생시키는 장치

도 지나침이 없다. 스타십이 하늘 높이 발사될 수 있고, (속도가 과하긴 했지만) 착륙 지점까지 스스로 정확히 찾아갈 수 있다는 것을 증명한 최초의 사례였다.

2021년 2월 2일 동부 표준시로 오후 2시 25분, 스페이스X의 보카치카 기지에서 스타십 SN9가 이륙해 6마일(10킬로미터) 이상 높이까지 날아올랐다. 이전 모델들과 마찬가지로 특유의 벨리플롭을 선보이며 하강하기 시작했다. 예상대로 SN9는 부드러운 착륙에 성공할 정도로 속도를 늦추지는 않았다. 완곡하게 표현하자면 강하게 착륙한 것이다. 하지만 엄밀히 말해서 실패는 아니었다.

물론 SN8이 충돌 직후 폭발하긴 했지만, 스페이스X 엔지니어가 다음 프로토타입 발사를 개선할 수 있도록 풍부한 데이터를 제공했다. 원래는 그 전 주인 2021년 1월 말에

발사될 예정이었으나, 스페이스X는 FAA의 승인을 기다렸다.

〈나사스페이스플라이트닷컴〉에 따르면, FAA는 2월 1일 발표한 성명에서 "스페이스X에게 모든 안전 및 관련 규정을 준수하며 SN9를 발사하는 것을 허가한다."라고 밝혔다.

그러다가 얼마 후 스페이스X의 스타십 프로토타입 시리즈 테스트 중에서 기이한 사건이 발생했다. SN10의 시험비행이었다. 최초 지연 이후에 SN10 프로토타입이 이륙한 것은 2021년 3월 3일 동부 기준시로 오후 6시 14분이었다. 스타십 엔진 세 개가 모두 점화되어 하강하면서 실제로도 충분히 감속했음을 확실히 보여주었다. 착륙이 가능한 속도라기보다는 충돌이 임박한 것처럼 보이는 속도이긴 했다. SN10은 착륙했고, 희뿌연 연기가 은색 우주선 바닥 가장자리를 휘감았

↑ | SN11 발사 이후 보카치카 지역에서는 지속적인 스타십 발사로 인한 환경오염이 우려된다는 목소리가 나오고 있다. 우주선 발사 실패로 인해 떨어지는 파편을 함부로 만지지 말 것을 지역 주민에게 경고했다.

다. 착륙 패드에 닿은 SN10 선체가 먼지와 배기가스에 뒤덮이며 불타올랐다.

　10분 후, 생중계로 영상을 시청하던 사람은 마치 영화 엔딩크레딧이 다 올라가고 나오는 보너스 영상처럼 SN10이 장렬히 폭발하는 장면을 목격했다. 실제로 일어나고 있는 일이라는 점만 달랐다. 언론의 상황은 기이하게 돌아갔다. 거의 모든 매체가 이 역사적인 착륙이 완전한 성공이며, 달과 화성 그리고 그 너머로 가는 길에 큰 도약을 이룬 것이라고 앞다투어 보도했다.

　IT 전문지인 〈인터레스팅엔지니어링〉의 선임 편집자인 나는 이 사실을 처음으로 알게 된 사람 중 하나였고, 깜짝 엔딩 장면을 담은 생중계 영상을 바로 업데이트했다. 마치 양자 실험처럼, 몇 분 동안이었지만 세계

는 양립할 수 없는 두 현실로 나뉘었다. 물론 모든 뉴스 보도는 결국 새로운 현실에 맞게 수정되었다.

우주경쟁의 재점화

　스페이스X는 흔들림 속에 계속 전진해 왔다. 스페이스X는 1년 전인 2020년 5월 30일, 팰컨9 로켓에 장착한 크루드래곤 캡슐에 우주비행사를 탑승시키고 ISS을 향해 발사했다. 악천후로 한 번 지연된 후 진행된 데모-2 미션은 밥 벤켄Bob Behnken과 더그 헐리Doug Hurley를 ISS를 향해 쏘아 올렸고, 미국 동부 표준시로 오전 10시 16분 ISS에 도킹했다. 그 후 3시간 동안 기압을 균일화한 후 우주비행사는 동부 표준시로 오후 1시 22분에 크루드래곤 캡슐에서 ISS로 이동할 수 있었다. 인

↑　데모-2 미션을 수행하기 전 크루드래곤 캡슐에 탑승한 NASA 우주비행사들

↓　NASA는 아르테미스 미션을 위해 스페이스X의 스타십을 선정했다.

머스크는 실제로 새로운 화성 로켓을
만들 것으로 보인다.

류 최초의 민간 유인 우주선의 발사는 성공적
이었다.

2021년 3월 30일 미국 동부 표준시로 오
전 9시, 스타십 SN11이 텍사스주 상공으로
솟아올랐다. SN11은 고도 6.2마일(10킬로미
터)까지 상승했다가 짙은 안개를 뚫고 하강
하기 시작했다. 발사 6분 후, 스페이스X의 방
송 카메라가 갑작스럽게 발사 장면을 내보내
지 않았다. 대단한 비밀이라도 있는 것일까?
SN11은 하강하는 동안 폭발해서 주변 지역
으로 파편이 흩어졌는데, 환경 보호론자들은
스페이스X의 거대 로켓이 배기가스나 파편
같은 오염물질을 만들어내며 환경을 해친다
고 우려했다. 미국 어류 및 야생동물국U.S. Fish
and Wildlife Service, USFWS의 문서에 따르면, 폭발
한 우주선 잔해가 주정부와 연방정부가 관리
하는 땅을 지나가며 1킬로미터에 이르는 지

역에 흩어져 있다고 한다.

USFWS는 〈더라이더〉의 보도에 "스페이
스X는 야생동물과 민감한 서식지에 대한 영
향을 최소화하기 위해 USFWS 및 다른 기관
과 긴밀히 협력해 폭발 잔해를 회수했다."라
고 밝혔다. SN11에서 떨어져 나온 거대한 금
속 파편은 인근 고속도로 근처의 땅과 개펄
에 떨어져 박혔다. 트랙터를 동원해 큰 덩어
리를 꺼내는 장면이 목격되었다는 보도도 있
었다.

하지만 잔해 청소 과정조차도 환경을 교
란하는 것처럼 보였다. USFWS의 공보 전문
가 오브리 뷔젝Aubry Buzek은 〈더라이더〉에 보
낸 이메일에서 이렇게 썼다. "그 구역에 지속
해서 출입하며 접근한 것, 즉 잔해 물질을 회
수하기 위해 드나들며 자연경관을 해치고 의
도치 않게 길을 만들었다." 사람들이 계속 항

← 크루-2 우주비행사가 언론과 인터뷰하고
있다.

→ 팰컨9 로켓에 부착된 크루-2의 모습
첫 공개

의하자, 스페이스X는 핫라인을 개설해 모든 사람이 전화로 잔해를 신고할 수 있게 했다. 또한 전국에 흩어져 있는 스타십 잔해를 임의로 처리하지 말 것을 대중에게 권고했다.

이로 인해 많은 사람은 우주비행의 미래가 덜 이상적이고 덜 찬란할 거라고 상상하게 되었다. SN11이 참혹하게 끝난 지 2주 만에, NASA는 아르테미스 미션에 스타십을 변형해 유인 HLS를 만들 계획으로 스페이스X와 29억 달러(3조 4,800억 원)짜리 계약을 맺었다고 발표했다. 지역 주민과 관측자들은 스페이스X가 슈퍼헤비 로켓과 결합한 스타십에 짐을 잔뜩 싣고 발사하기 시작하면 더 심각한 사고가 일어날 수 있다고 우려했다.

테스트는 계속되었다. 2021년 중반이 되어도 SN12, SN13, SN14가 완성되지 않았기 때문에 스페이스X는 개선된 소프트웨어, 엔진, 선체 구조를 특징으로 하는 SN15로 건너뛰었다. 2021년 5월 5일 동부 기준시로 오후 6시 24분, SN15 프로토타입이 발사되었다. 목표 고도에 도달한 후, 스타십은 벨리플롭을 완벽히 수행하며 하강을 시작했다. 모든 시청자가 숨죽여 지켜보는 가운데,

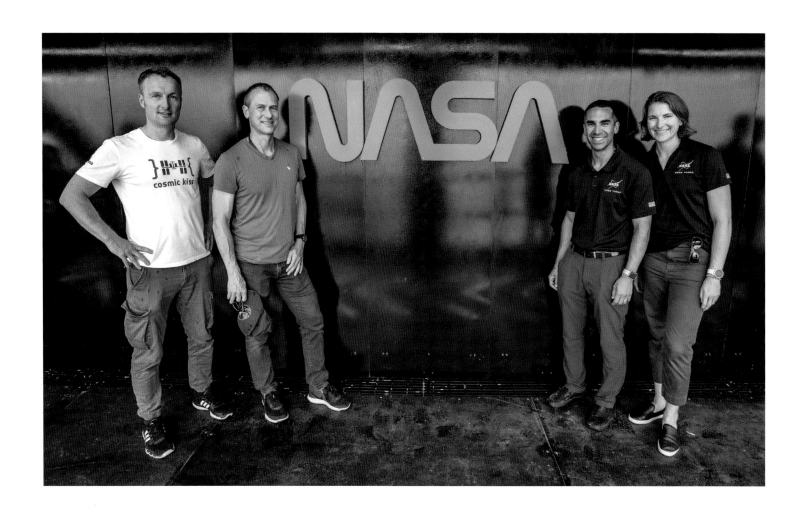

SN15는 폭발하지 않고 매끄럽게 착륙했다. 착륙 후 선체 바닥에서부터 3층 높이까지 불길이 일었지만 한 시간 만에 완전히 진화되었다.

머스크의 스타십 프로토타입이 시험비행 후 처음으로 착륙에 성공한 사례였다. 2세대 우주경쟁이 더 뜨겁게 타오르기 시작했다. 그러나 4월 30일 〈CNBC〉 보도에 따르면, 스타십 SN16이 처음으로 공개된 직후, 블루오리진과 NASA 사이에 법정 분쟁이 발생하는 바람에 스타십 테스트는 중단되었다. 너무나 안타깝게도, 스타십 테스트는 NASA, 블루오리진, 그리고 스페이스X 사이의 논쟁이 끝난 2021년 11월 4일까지 보류되었다. 결과적으로 스페이스X의 완승으로 결론이 났지만, NASA는 공식적으로 아르테미스 일정을 연기할 수밖에 없었다.

스페이스X의 유인 우주선 발사

스페이스X는 스타십 시험비행을 계속할 수 없었지만, 팰컨9, 크루드래곤, 스타링크 위성 등과 관련된 일을 진행할 수 있었다. 사실, 스페이스X의 운영 구조에서 가장 주목할 만한 것은 팰컨9를 발사하며 마련한 자금으로 스타십의 발전을 이뤄냈다는 사실이다. 2020년 11월 15일 동부 표준시로 7시 26분, 스페이스X는 NASA의 케네디우주센터의 39A 발사대에서 두 번째 유인 우주선인 크루-1을 발사했다. 승무원 중에는 NASA 우주비행사 3명과 JAXA 우주비행사 1명이 포함되어 있었다.

스페이스X의 크루드래곤은 시속 1만 6,777마일(시속 2만 7,000킬로미터)로 가속

↑ 크루-3 우주비행사가 발사 전에 포즈를 취하고 있다.

→ 스페이스X의 첫 민간인 미션 인스퍼레이션 4에는 NASA 소속이 아닌 우주비행사 4명이 탑승했다. 왼쪽부터, 재러드 아이작먼Jared Isaacman, 크리스토퍼 셈브로스키Christopher Sembroski, 헤일리 아르시노Hayley Arceneaux, 사이언 프록터 Sian Proctor 박사

한 후 ISS로 가는 도중 1단 로켓 팰컨9에서 분리되었다. 이듬해인 2021년 4월 23일, 스페이스X는 동부 표준시로 오전 5시 49분에 세 번째 유인 미션이자 두 번째로 완전히 가동한 미션을 시작했다. 이번에는 우주비행사 4명이 탑승했는데, NASA에서 2명, JAXA에서 1명, 유럽 우주국에서도 처음으로 1명이 함께 비행했다. 발사 후 기자회견도 열렸다. 〈인터레스팅엔지니어링〉 보도에 따르면, 이 기자회견에서 머스크는 인류를 '우주를 여행하는 다중 행성종'으로 변화시킬 큰 꿈을 가지고 있다고 말했다.

우주정거장으로 가는 23시간의 여정 중 두 시간이 지나, NASA는 경외심을 불러일으키는 우주 광경을 보여주며 크루-2의 우주

비행사가 궤도에 안착했다고 트위터를 통해 밝혔다. 그리고 머지않아 스페이스X의 다섯 번째 유인 발사선인 크루-3 미션이 뒤를 이었다. 이는 스페이스X가 NASA와 손잡고 만든 CCP의 네 번째 비행이고, 인간이 우주를 비행한 60년간 600번째 사람을 우주로 보내는 비행이었다. 팰컨9 로켓은 2021년 11월 11일 동부 기준시로 오후 9시 3분에 NASA의 케네디우주센터 39A 발사대에서 발사되었다. 처음에는 날씨가 좋지 않아 연기되었고, 발사 전 탑승자 중 한 명이 알려지지 않은 이유로 다쳤을 때도 연기되었다.

이번 다섯 번째 유인 발사는 우주비행사 2명이 지구로 귀환한 지 이틀 만에 이루어졌다. 그들은 ISS에 성공적으로 머문 후 11월 9일

커크 선장의 우주여행은 많은 이들에게
깊은 인상을 남겼다. 착륙 후 샤트너는
지구의 삶과 우주의 죽음. 그 사이에
'푸른색 얇은 막'으로 존재하는 대기가
얼마나 얇은지에 대해 이야기했다.

동부 표준시로 오후 10시 33분에 바다에 착
륙했다. 특히 크루-2 우주비행사는 귀환하며
더 없이 근사한 북극광 장면을 만끽했다.

윌리엄 샤트너, 마침내 우주에 들어서다

2021년 9월 15일 동부 표준시로 오후 8
시 2분, 스페이스X는 전문 우주비행사 없
이 네 번째 비행을 마쳤다. 최초로 민간인만
으로 이루어지는 인스퍼레이션Inspiration4 미
션을 수행하는 크루드래곤에 4명이 탑승
했다. 데이터 엔지니어 크리스 셈브로스키
Chris Sembroski, 간호사 헤일리 아르세노Hayley
Arceneaux, 지구과학자이자 과학 커뮤니케이션
전문가인 시안 프록터Sian Procter, 억만장자 제
러드 아이작먼Jared Isaacman이었다. 우주관광이
공식적으로 시작되었다. 한 억만장자가 자신
을 포함해 몇몇 운 좋은 사람을 지구 대기권
밖으로 쏘아 올리기 위해 또 다른 억만장자
의 민간 우주항공 회사에 돈을 댔다.

민간인만으로 구성된 이번 비행은 자선
이라는 틀에서 시작되었다. 스페이스X는 보
도자료를 통해, 전문 조종사 교육을 받은 조
종사이자 쉬프트4 페이먼트의 최고 경영자
억만장자 아이작먼이 세인트주드어린이 병
원에 1억 달러(약 1,200억 원)를 기부했다는
사실을 보도했다. 그는 민간 우주비행사를
초청해 세인트주드어린이 병원에 10달러를
기부하게 함으로써 2억 달러(약 2,400억 원)
를 추가로 모금할 계획을 세웠다. 일반 민간
인 우주비행사들에게는 이 소액의 기부금이
우주로 향하는 입장권 같은 역할을 했다. 억
만장자가 자발적으로 돈을 내서 우주로 향
하게 만드는 산업, 이것이 급성장하는 우주
관광의 핵심적 특징이다. 나머지 사람은 사

실상 우주 복권에 당첨된 셈이다.

인스퍼레이션4 미션이 끝난 지 한 달도 안 된 시점에, 블루오리진은 민간 우주여행의 새로운 시대의 시작을 알리는, 훨씬 더 상징적인 일을 했다. 거의 반세기 동안, 사람들은 심우주를 탐험하는 우주선을 생각할 때면, 한 대의 우주선, 그리고 한 사람을 구체적으로 떠올리곤 했다. 그의 이름은 '커크 선장 Captain Kirk'으로, 사실 아무도 그를 만난 적은 없다. 그는 실존 인물이 아니기 때문이다. 하지만 이 캐릭터를 연기한 유명 배우 윌리엄 샤트너 William Shatner는 〈스타트렉〉 배우로서는 최초로 실제 우주비행사가 될 예정이었다.

블루오리진의 유튜브 채널에 게시된 라이브 웹캐스트에 따르면, 블루오리진의 뉴셰퍼드 로켓은 2021년 10월 13일 동부 표준시로 오전 10시 50분경 샤트너와 다른 민간인 3명을 태우고 우주 가장자리로 날아올랐다. 90세인 샤트너는 로켓을 타고 우주로 나간 최고령자가 되었다.

뉴셰퍼드 로켓은 NS-18이었고, 베이조스는 탑승자 4명 모두를 캡슐로 직접 안내했

다. 예정된 발사 시각은 동부 표준시로 오전 9시 30분이었으나, 연기됐다가 오전 10시 18분까지 보류되었다. 30분 후인 오전 10시 50분에 NS-18은 마침내 우주 가장자리를 향한 짧은 여행을 시작했다. 역사적인 비행이 시작된 지 약 2분 30초가 지나 무중력 상태가 시작되었고, 샤트너를 포함한 탑승자 전원은 환호성을 질렀다.

뒤이어 이륙 3분 후에 유인 캡슐이 부스터에서 분리되었다. 30초 후, 이제 세계 역사에 남을 이 비행의 승무원들은 공식적으로 우주에 진입했다. 최대 고도 35만 피트(10만 6,680미터)까지 상승하다가 가속도가 마이너스로 바뀌며 지구 표면으로 천천히 귀환했다. 샤트너를 우주로 끌어올린 부스터 로켓의 본체는 공기역학적인 실린더 형태라서, 지구 대기권을 뚫고 훨씬 더 빠르게 낙하할 수 있었다. 발사되고 약 7분 20초 후에 폭발 없이 착륙하며 뉴셰퍼드 우주선의 네 번째 우주 도약을 마무리 지었다.

샤트너는 벅찬 감정을 전했다. "지금까지 내가 한 번도 겪어보지 못한 경험이었다." 베

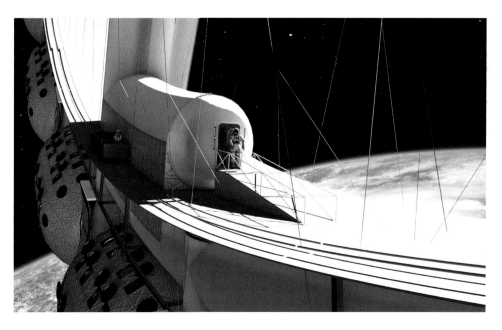

이조스와 함께 소수의 인원이 모여 대단히 열광적으로 그를 환영했다. 샤트너는 지구의 삶과 우주의 죽음 사이에 존재하는 경계는 말로 표현할 수 없을 정도로 가늘고 깨지기 쉬워서 사실상 사회가 만들어낸 허구라는 것을 설명하려고 했고, 베이조스는 깊이 감동한 배우 옆을 지켰다.

검은 심연의 우주로 향한 이번 비행은 〈스타트렉〉에 등장하는 우주선 USS 엔터프라이즈호 선장이 지휘했던 것처럼 초고속 이동은 아니었지만, 착륙 후에 아찔한 기분이 들었던 것은 분명했다. 서부 텍사스 블루오리진 시설 근처에 있는 인구 약 1,800명의 작은 도시 밴혼의 시장 베키 브루스터Becky Brewster는 이렇게 말했다. "이제 커크 선장이 실제로 몸소 우주에 올라갈 때다."

우주관광 산업의 부상은 돈과 우주공간을 바꾼다는 점에서 논쟁의 여지가 있다. 세계에서 부유한 몇몇 사람은 나머지 사람이 절대로 접하지 못할 우주를 즐길 수 있다. 전적으로 출생 조건에 따라 결정된다. 물론 미국에서 사라져가는 자수성가 신화에는 잘 들어맞는다. 열심히 일하면 가난에서 벗어날 수 있다는 신화 말이다. 이제 우주관광 산업의 도래로 새로운 미국 신화가 탄생했다. "열심히 일하면 우주로 갈 수 있다." 설사 이 말이 허상이라도, 노력하는 동안에는 우주행 티켓을 살 소수의 사람을 훨씬 동경하게 될 것이다.

인공중력

이러한 와중에 우주관광 산업에서의 신생 기업들은 포부를 키우고 있었다. 2021년 1월 30일 야심 차게 우주관광 프로젝트를 시작하겠다는 목표를 발표한 오비탈어셈블리 Orbital Assembly Corporation, OAC에 시선이 간다. OAC의 목표는 지구 저궤도에 대규모로 거주 가능한 우주 호텔, 보이저스페이스스테이션Voyager Space Station, VSS 건설이다. 그 디자인은 폰 브라운von Braun 박사가 고안한 우주정거장 개념을 연상시킨다. 바퀴나 도넛 모양 구조는 내부에 인공중력을 충분하게 공급할 수 있을 만큼 빠르게 회전한다. 이로써 사람들이 거주 가능해진다. 표면적으로는 대단한 아이디어다. 장기간의 우주 미션을 수행하며 건강을 유지하려면 약간의 중력이 필수적이기 때문이다.

이와 가장 유사한 문화적 산물은 1968년 개봉한 스탠리 큐브릭Stanley Kubrick 감독의 영화 〈2001 스페이스 오디세이〉에서 묘사한 가상의 우주정거장이다. OAC는 이 영화를 통해 20여 년 전의 삶은 어땠는지 알아보는 대신, 현실의 삶에서 무언가를 만들어내고 있다. 달과 비슷한 수준의 중력을 지원하는 지름 650피트(198미터)의 고리 모양 정거장이 그것이다. OAC가 그 정거장을 과학적 용도나 다른 전략적 또는 군사적 용도로 쓰는 것에 반대하지 않지만, OAC은 VSS를 상업적 중심지로 만들고자 한다. 다시 말해, OAC는 우주여행 전용 플랫폼을 만들어 사업을 확장하길 바란다. OAC의 CEO 존 블린코우 John Blincow는 한 유튜브 웹캐스트에서 이렇게 말했다.

"우리의 비전은 상업용 우주정거장, 우주 태양 플랫폼, 추진체 저장소를 포함한 대형 우주 구조물을 설계, 제조, 조립하는 우주 건설 회사를 만드는 것이다. 이 목표를 달성하기 위해, 우리는 우주에서 조립 가능한 로봇에 대한 몇 가지 디자인 특허를 개발했다."

또한 OAC는 증권거래위원회 웹사이트에

우주에서 살고 일하려면 인공중력을
만들어야 하는데, 원형 구조물에서
구심력을 이용해 이 문제를 해결할 수
있다.

발표된 초기 제안 성명서에서 이렇게 언급했다. "인간 중심의 탄탄한 우주 경제를 가능하게 만들기 위해서, VSS의 최종 건설에 우리의 역량을 맞추고 있다. 소규모 우주정거장 시연을 시작으로 회전하는 우주정거장을 단계적으로 건설할 계획이다."

블린코우는 OAC 행사 라이브 웹캐스트에서는 '이것은 차세대 산업 혁명이 될 것'이라고 말했다. 오랫동안, 우주에서 산업을 발전시키는 데 가장 큰 장애물은 비용이었다. OAC 최고운영책임자 팀 알라토레Tim Alatorre는 "우주선으로 화물을 운송하는 요금은 오랫동안 킬로그램 당 약 8,000달러(약 960만 원)였다. 하지만 팰컨9를 사용하면 2,000달러(약 240만 원) 미만으로 이 작업을 수행할

수 있다. 그리고 스타십이 온라인으로 가동되면, 비용은 킬로그램 당 몇백 달러밖에 되지 않을 것이다."라고 말했다.

VSS를 건설하기 위해, OAC는 STARStructure Truss Assembly Robot로 불리는 로봇을 사용할 것이다. OAC의 제작 관리자인 팀 클레먼츠Tim Clements는 STAR 로봇이 '미래 우주 프로젝트의 구조적 중심 역할을 할 것'이라고 말했다. 또한 "프로토타입 조립 로봇은 90분 만에 약 91미터 길이의 트러스[39] 구획을 만들 수 있다. 이 DSTAR 로봇은 무게가 8톤에 육박하고, 철강, 전기 및 기계 부품으로 구성되는데, 누군가는 그 건설 과정을 맨 앞줄에서 지켜볼 수 있는 놀라운 보너스를 얻게 될 것이다."라며 자사 로봇을 소개했다.

"관측용 드론이 건설 과정을 실시간으로 모니터링하여 OAC팀에게 작업 현장을 지켜볼 수 있는 눈을 제공할 것이다. 이 드론은 기존 우주선에 안착할 수 있고, 또한 완전히 재사용할 수 있으며, 자유비행 모드로 다양한 임무를 수행할 수 있다."라고 알라토레는 설명했다. 가장 결정적으로, OAC는 원격 제어를 가능하게 하는 가상현실VR 헤드셋을 로봇에 부착할 것이다. 또한 인공중력이 우주에서 성공적으로 구현된 적이 없는 관계로, 세심한 부분까지 살펴야 한다.

"중력 고리는 핵심 기술 시연 프로젝트가 될 것이다. 우리는 몇 년 내로 지구 저궤도에서 이 프로젝트를 건설, 조립, 운영할 계획이다. 회사는 또한 DSTAR의 궤도 버전을 사용

---

39) 부재(部材)가 휘지 않게 접합점을 핀을 이용하여 삼각형으로 연결한 구조

↑ 심우주의 한 성운 앞에 있는
보이저 탐사선을 묘사한 콘셉트
사진

← 보이저스테이션의 목적은
우주를 찾은 유료 고객이 최대한
편안함을 느끼게 하는 것이다.

할 계획이다. 이 버전의 이름은 프로토타입을 앞에 붙인 PSTAR다." NASA 에임스연구센터에서 근무했으며, OAC의 공동 설립자이자 과학 및 연구 부사장인 제프 그린블랫Jeff Greenblatt이 이렇게 말했다. VSS가 최종 완성되면, 최대 400명을 수용할 수 있으며, 지름 650피트(198미터)의 중력 고리 내부는 24개의 통합 거주 모듈로 분할될 것이다. 모듈 각각의 길이는 대략 65피트(19미터)이고 지름은 40피트(12미터)이다.

물론 인공중력이 있으면 처음에는 부자연스럽게 느껴질 수도 있지만 화장실에 가고 샤워실을 사용하고 달리고 점프를 하는 등 간단한 신체 활동이 가능하다. 보이저스테이션에는 주방 모듈과 더불어 전기, 공기, 물도 공급되며 스포츠와 특별 행사를 할 수 있는 체육관도 마련된다. 특히 정부와 민간 기업

은 그 시설을 임대해 달 프로젝트 우주비행사를 훈련할 수 있다. 그린블랫은 '보이저스테이션이 기업가에게 우주관광 활동을 계획하는 발판이 될 것'이라는 전망을 내놓았다.

"우리는 편안함을 추구하며 건설하고 있다."라고 OAC의 공동 설립자이자 CTO인 톰 스파이커Tom Spiker는 말했다. 그는 전설적인 보이저 심우주 탐사선인 카시니Cassini호 연구에 참여하기도 했고, NASA의 제트추진 연구소에서 많은 연구를 진행했다. 보이저스테이션의 길이는 미국 국회의사당 건물의 길이보다 조금 짧고, 분당 1.25회 회전한다. 점점 늘어나는 우주 오락 시설에서 가장 호화스러운 것은 우주 유영 옵션인데, 고객 전용 에어로크Airlock가 제공된다.

2021년 7월 20일, 블루오리진 뉴셰퍼드
로켓은 베이조스, 그의 동생 마크, 82세
항공분야 선구자 윌리 펑크, 18세 올리버
대먼을 우주로 쏘아 올렸다.

우주관광 산업, 복권을 추첨하다

OAC는 중력 고리와 보이저스테이션 등에 자금을 지원할 투자자를 이미 모은 상태였다. 그러나 이 스테이션의 주요 목표, 더 넓게는 우주관광의 목표가 과학이라기보다는 '기술'에 가깝다는 사실에 주목해야 한다. 이는 우주관광 산업이 일반적인 우주 애호가 중 결국 누구에게 서비스를 제공할지 알기 힘들다는 뜻이다. 물론 현재로서는 특별히 부유한 사람이 누리는 서비스처럼 보인다. 2021년 6월 20일 동부 표준시로 오전 9시 14분, 베이조스가 탑승한 뉴셰퍼드 로켓이 발사되었고, 발사체 승무원 캡슐 이름은 RSS[40] 퍼스트스텝이다.

베이조스의 동생 마크와 더불어 82세 항공분야 선구자 윌리 펑크Wally Funk도 이 비행에 합류했다. 올리버 대먼Oliver Daemen이라는 18세 학생도 참여했는데, 그의 아버지가 푯값을 내면서 블루오리진의 첫 번째 유료 고객이 되었다.

사실 돈을 내서 우주로 가겠다는 억만장자에 대한 좀 더 뻔한 이야기는 2018년에 시작되었다. 일본 최대 온라인 패션 유통업체인 조조ZOZO의 창업자 마에자와가 머스크와 공동으로 개최한 행사에서 스타십을 타고 달로 날아갈 뜻을 밝혔다.

'디어문'이라고 불리는 마에자와의 계획은 예술가와 창작물을 우주로 보내서 어떤 아름다움이 만들어지는지 보자는 생각에서 출발했다. 스페이스X의 유튜브 채널에 올라온 2018년 행사 영상에서 마에자와는 "만약 바스키아Jean Michel Basquiat가 우주로 갔다면 어

땠을까? 나는 한번 머릿속에 우주의 초월성 같은 생각이 떠오르면 멈출 수 없다."라고 대본에 없던 말을 던지기도 했다.

디어문 프로젝트에 합류하려면 억세게 운이 좋아야겠지만, 하나 더, 달 여행에서 영감을 받아 창의적인 무엇을 만들지 계획해야 한다. 마에자와는 예술에 열정적이었다. "나는 디어문이 어떻게 세계와 세계 평화에 보탬이 될 수 있을지 생각했다. 내 평생의 꿈이다. 여기서 나온 걸작들은 계속해서 우리 모두에게 영감을 줄 것이다."

하지만 마에자와는 처음 생각과 다른 방향으로 디어문 프로젝트를 이끌게 되었다. 처음 마에자와의 의도는 달 여행에 동행할 '은밀한 우주 파트너'를 고르겠다는 것이었다. 모든 게 마에자와의 말대로 진행되는 것처럼 보였다. 〈인터레스팅엔지니어링〉 보도에 따르면, 마에자와는 웹사이트를 통해 지원자 2만 7,722명을 모았다. 일본의 스트리밍 서비스 아메바TV에 〈보름달을 사랑하는 사람들〉이라는 리얼리티 쇼 형식으로 디어문 프로젝트를 기록하기로 계획했다. 사실 이것은 제임스 프랑코James Franco[41]의 머리에서 나온 아이디어처럼 느껴졌다.

나중에 쇼는 취소되었고, 마에자와는 트위터에 '개인적인 이유'로 로맨틱한 탐색 작업을 중단했다고 남겼다. 3만 명에 육박하는 지원자와 더불어 많은 우주 동지가 실망했다. 하지만 그들에게는 2021년 3월 다시 한번의 기회가 주어졌다. 마에자와가 스페이스X의 스타십 좌석 8개 중 하나를 대중에게 제공하겠다고 한 것이다. 마에자와는 2023년

---

40) 재활용 우주선, Reusable Space Ship의 약자

41) 여러 성 추문에 휘말린 전적이 있는 미국 남자 배우

달로 향하는 민간 우주선 탑승권을 여러 장 구매했다.

7월까지, 마에자와는 우주에서 이뤄질 그의 예술 프로젝트를 위해 최종 후보자 20명을 선발했다. 일본의 패션 재벌은 7월 15일 인스타그램에 "디어문 선발 과정이 거의 끝나가고 있다."라고 글을 올렸다. 뒤이어 한 유튜브 영상을 공유했는데, 지원자들이 달에 갔다 돌아오며 무엇을 할 것인지에 대한 당당한 야망을 담은 짧은 클립이었다. 무용수, DJ에서부터 화가, 사진작가에 이르기까지, 참가자의 직업은 다양했다. 심지어 올림픽 금메달리스트도 절호의 기회를 놓고 경쟁했다.

〈옵저버〉 보도에 따르면, 결승전 진출자 중 밴쿠버 예술가 보리스 모셴코프Boris Moshenkov는 인스타그램 영상을 통해 이렇게 말했다고 한다. "나는 이 프로젝트가 야심차고 아마도 가장 위대한 예술적 협력이라고 생각한다. 그래서 이 프로젝트에 대해 생각할 때마다 소름이 돋는다." 국립해양대기청에서 과학자로 근무하는 또 다른 참가자 트레이시 파나라Tracy Fanara는 이 프로젝트가 가만히 있기에는 너무 흥미진진하다고 생각했다.

파나라는 〈데일리메일〉과 인터뷰에서 "이 과정을 치르느라 6주 동안 잠을 자지 못했다. 그 과정을 거쳐 각 단계에 도달하는 것은 정말 미친 짓이라고만 해두겠다. 자신보다 훨씬 더 거대한 무언가의 일부가 될 수도 있다고 생각해 보라."라고 말했다.

각 참가자가 얼마나 많은 흥분을 드러내든, 우주와 관련된 자신의 특별한 운명을 보

뉴셰퍼드 로켓이 남근과 유사하게 생겼다는
논란을 피하기는 힘들어 보인다.

여주기 위해 얼마나 열심히 노력하든 간에 오직 8명만이 그 억만장자와 함께할 것이다. 민간인 승객 9명과 스페이스X 직원 몇 명이 함께 타서 우주선은 10~12명의 정원을 이룰 것이다.

물론 디어문 프로젝트에 참가한 그 누구도 달에 발을 들여놓지는 않을 것이다. 적어도 이번에는 아니다. 궤도를 돌아오는 데 3일이 걸리는 여정이고, 이후 하루도 안 되는 시간 만에 달의 뒷면을 고속으로 돌고 돌아와야 하기 때문이다. 지구로의 귀환은 3일 후에 시작될 것이다. 형식적으로 봤을 때, 이 비행 계획은 아폴로 계획 당시 달에 갔던 첫 번째 미션, 즉 아폴로 11호가 역사적인 달 착륙을 하기 전 거쳤던 몇 번의 미션과 크게 다

르지 않다. 아폴로 13호도 비슷한 비행을 했지만, 디어문 프로젝트는 생명을 위협할만한 어떤 사고도 겪지 않기를 바란다.

↑ 　마에자와와 함께 우주로 가고 싶어
　　한 사람들이 많았다. 걸맞게도 그는
　　카리스마가 넘치는 사람이다.

→ 　디어문 프로젝트가 시작되면, 아폴로가
　　보내온 이 사진처럼 오래된 보물은 최신
　　사진으로 대거 바뀔 것이다.

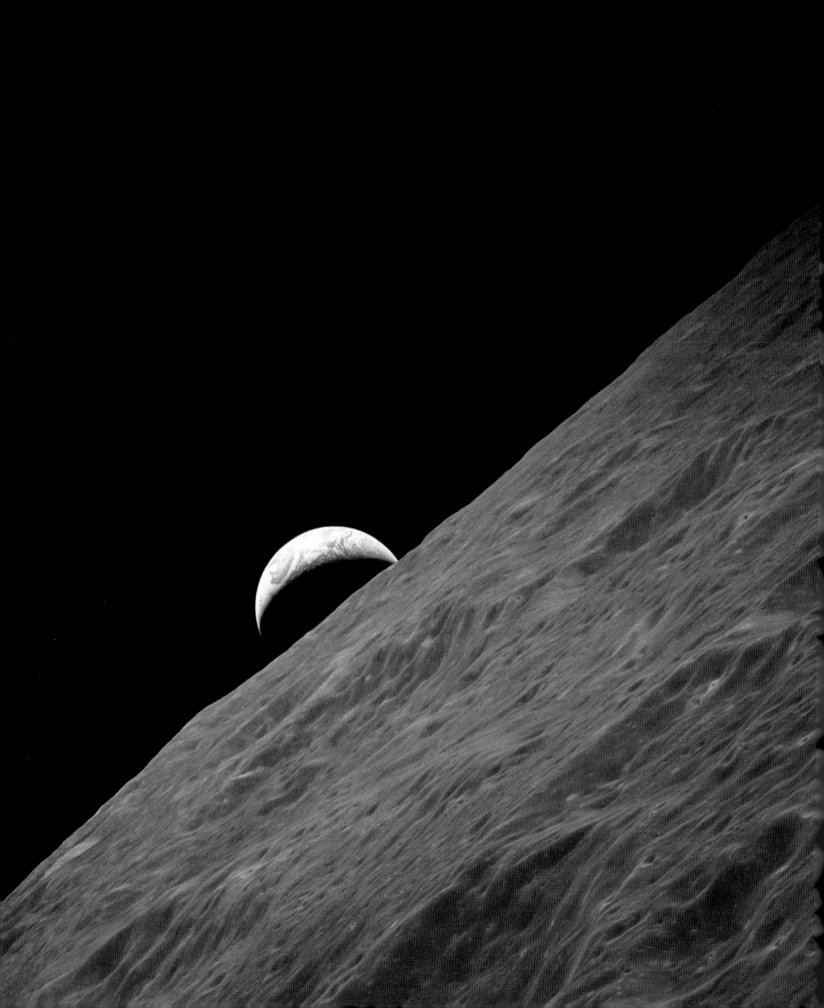

7

TROUBLE ON THE MOON AND MARS— AND EARTH

달, 화성, 지구 범우주적 문제

아주 최근까지도, 2세대 우주경쟁의 양상은 NASA와 주요 우주항공 기업의 경쟁 이야기로 끝날 듯 보였다. 그러나 지난 몇 년간 새로운 세력이 등장하며 우주 탐험의 성장 속도가 빨라졌다. 그 새로운 세력은 중국이다. 〈뉴욕타임스〉에 따르면, 시진핑 주석이 "중국은 우주 강국이 되는 것에 전념하고 있다."라고 말했다.

중국은 1950년대와 1960년대 이래로 유인 우주 프로그램 개발에 관심을 키워왔다. 보도에 따르면, 1972년 취소되기는 했지만 중국은 슈광Shuguang2 프로그램에 참여할 우주비행사 19명을 선발하기도 했다. 1980년대와 1990년대 들어 우주 프로그램 개발에 관한 관심이 재개되었는데, 1999년 11월 20일 선저우Shenzhou 우주선이 무인 시험비행에 성공한 것이 그 기점이다. 그 후, 2003년 10월 15일 중국 최초의 유인 우주선 선저우 5호가 발사되어, 중국은 인간을 우주에 보낸 세 번째 국가가 되었다.

이러한 프로젝트는 중국 유인 우주 프로그램China Manned Space Program, CMS가 담당하며 진행했다. 선저우 5호가 성공한 이후, 중국은 우주정거장 텐궁 Tiangong 1호를 발사하며, 옛 소련의 미르Mir 우주정거장과 미국의 스카이랩Skylab과 ISS 업적에 필적하고자 했다.

중국 최초의 우주정거장은 2011년 9월 11일 중국 북서부 지역의 발사 시설에서 창정Long March 2F 로켓 위에 올려져 발사되었다. 텐궁은 '하늘의 궁전'이라는 뜻이며, 무게는 9.4톤이다. 길이 10미터, 폭 3미터에 달하는 이 우주정거장은 추진용 탱크와 로켓 엔진을 보존하기 위한 자원 모듈과 단일 시험 모듈을 갖추고 있다.

초기 궤도의 높이는 217마일(349킬로미터)로 ISS보다 지구 표면에서 약간 더 가까웠다. 중국의 첫 번째 우주정거장은 두 개의 태양열 전지판을 통해 전력을 공급받고, 한 번에 우주비행사 3명을 지원할 수 있다. 중국 우주 프로그램에 있어서 우주정거장의 핵심

역할은 우주 도킹 절차를 수행하는 플랫폼 역할이다. 이는 달과 화성 같은 지구궤도 너머로 영역을 확장하는 데 관심이 있는 우주 강국이라면 중요하게 생각하는 능력이다.

중국은 2016년 9월 15일, 두 번째 우주정거장 텐궁 2호를 발사하며 지구 저궤도에서 기술력을 확장하고 있다. 유인 도킹 우주선 선저우 11호는 그해 10월 새 정거장으로 이동했다. 이후 2017년 4월 20일, 텐저우Tianzhou 1호라는 이름의 새로운 화물우주선이 창정 7호 Y2 로켓 위에 장착되어 이륙했다. 이틀간 조심스럽게 유도된 끝에, 텐저우 1호 화물우주선은 텐궁 2호 우주정거장과 성공적으로 도킹했다. 〈GB타임스〉 보도에 따르면, 세 번 반복된 도킹 시도 중 마지막 시도에서 6시간 30분 만에 도킹에 성공했는데, 처음 이틀 동안 시도한 것보다 훨씬 효율적이었다고 한다. 이러한 우주 기동 능력의 급격한 향상은 중

국이 2세대 우주경쟁에서 얼마나 빨리 주요 입지를 차지할 것인지를 보여주는 예시다.

그러나 중국 역시 큰 좌절을 겪게 되었다. 미국 전략사령부 산하 미국 합동군우주사령부Joint Force Space Component Command, JFSCC에 따르면, 2018년 4월 1일 오후 8시 16분경 텐궁 1호는 태평양 상공을 지나던 중 대기권 재진입 단계에서 형성된 플라스마plasma[42]로 화염이 발생하며 산산조각이 났다. 미국 공군은 성명을 통해 "JFSCC는 우주 감시 네트워크 센서와 궤도 분석 시스템을 통해 텐궁 1호의 대기권 재진입을 확인했다."라고 중국 최초 우주정거장의 비참한 결말을 공식화했다. 텐궁 1호의 운용 가능 수명은 2년이며, 미션 프로파일[43]은 기본적으로 정거장 운영이 종료된 시점에 완성되는 시스템이다.

텐궁 1호가 전부 가루가 되어 대기 중에서 사라진 것은 아니었다. 버스 크기의 텐궁

---

42) 기체가 초고온 상태로 가열되어 전자, 중성입자, 이온 등 입자들로 나누어진 상태

43) 항공기 임무 중 발생하는 다양한 사건과 상황을 단계적으로 기록한 것

← | 중국 텐궁 1호의 내부

→ | 중국 궤도 정거장과 도킹하는 우주 모듈

→ | 중국 주취안 위성발사센터에 있는 우주비행 관제센터

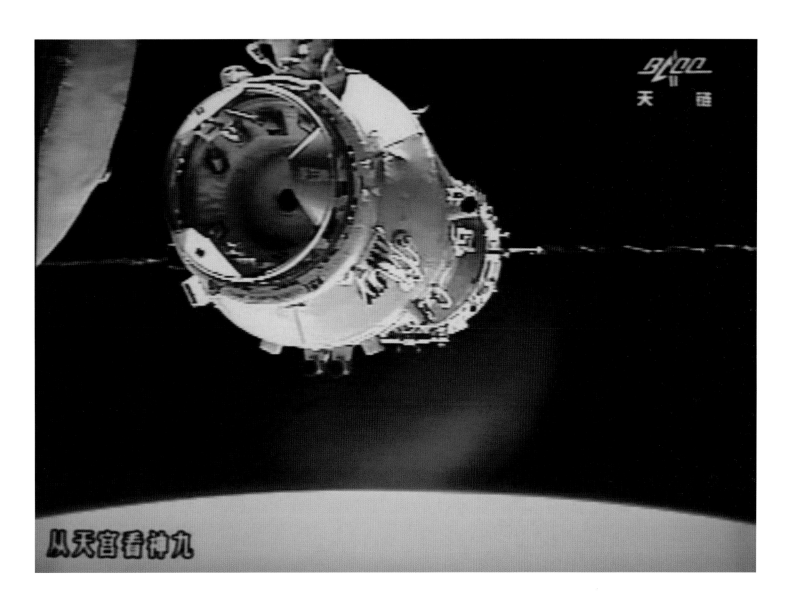

1호 파편은 대기권 재진입 후에 태평양 깊은 곳으로 가라앉았을 것이다. 〈스페이스닷컴〉의 보도에 따르면, 지금은 없어진 톈궁의 잔해에 맞을 가능성은 1조 분의 1로, 사람에게 위협이 될 일은 거의 없다고 한다. 하지만 누군가 파괴된 정거장 일부를 발견했다면, 그 사람은 온전한 상태가 아닐 수도 있다. 전문가들이 말하기를, 우주 쓰레기는 극도로 독성이 강한 로켓 연료인 하이드라진Hydrazine[44]에 오염되어 있을 수도 있다.

유독성 우주 쓰레기 문제는 중국 우주 프

44) 공기 중에서 불이 붙는 기름기 있는 무색 액체

← | 중국의 창정 3B 로켓 발사

→ | 보도에 따르면 괌에 사는 한 레딧 사용자가 중국 로켓 잔해에서 위험한 벌집 구조물을 발견했다고 한다.

로그램의 주요 주제로 남을 가능성이 크다. 2019년 11월 29일, 중국은 창정 3B 운반 우주선을 궤도로 발사했지만, 오래지 않아 파괴되었다. 동부 표준시로 오후 7시 55분에 시창 위성발사센터에서 이륙한 이 우주선은 탑재된 위성 두 대 베이더우Beidou-3 M21과 M22를 평균 고도 약 1만 3,545마일(약 2만 킬로미터)까지 올려놓았다. 하지만 웨이보 동영상 게시물에 따르면, 발사 직후 하단 로켓 추진기 중 하나가 갑자기 누군가의 집 위로 떨어졌는데 공식적인 후속 보도조차 없었다고 한다. 그 영상에서는 우주선 구조물이 노란 연기를 내뿜었는데, 이 연기는 독성이 강한 고압 추진제에서 나온 물질이다.

충돌로 인해 피해를 본 사람이 있는지는 여전히 불분명하지만, 중국 정부는 낙하 지역에 사는 사람들에게 발사 기간에 대피해 있으라고 제안했다. 또한 발사 중 해로운 화학물질이 사용되기 때문에 마을에 떨어진 잔해에 접근하지 말라고 권고했다. 불행 중 다행으로 로켓 잔해로 인해 재산 손실을 본 주민은 정부에서 보상을 받게 된다.

2020년 4월 초, 중국 로켓은 인도네시아 통신 위성을 궤도로 올리려고 발사하는 도중에 실패했다. 어느 레딧 사용자에 따르면, 로켓의 상당 부분이 시창 위성발사센터에서 약 3,100마일(5천 킬로미터) 떨어진 괌에 떨어졌을 수도 있다고 한다. 폭이 거의 10피트(3미터)에 달했던 그 잔해는 발암성 물질일 수도 있다. 괌 주민이 화염에 휩싸인 파편이 밤하늘을 가로지르는 것을 목격했다는 보도도 있었다. 〈스페이스플라이트나우〉의 보도에 따르면, 괌 국토안보부와 민방위는 그 잔해들이 중국의 추락한 로켓과 관계있다는 공식 성명을 발표하며, 태평양 제도에 "직접적인 위협은 없었다."라고 덧붙였다.

처음에는 그 잔해가 로켓의 산소 탱크와 수소 탱크 사이의 일부가 떨어진 것일 수도 있다는 의혹도 있었다. 그러나 한 우주항공 엔지니어는 "벌집 구조[45]는 일반인이 예상하지 못하는 부분에서도 흔하게 사용된다. 항공기 분야에서 벌집 구조는 일종의 테이프 용도로 쓰인다."라는 의견을 내놓았다. 그러나 중국은 이 사건을 심각하게 받아들이지 않은 것처럼 보인다.

2020년 5월 11일, 매우 큰 우주선 파편

---

45) 경제적이며 구조적으로도 안정적인 벌집 구조는 가벼우면서도 튼튼해야 하는 항공기의 몸체나 골판지, 샌드위치 패널 등에 많이 사용된다.

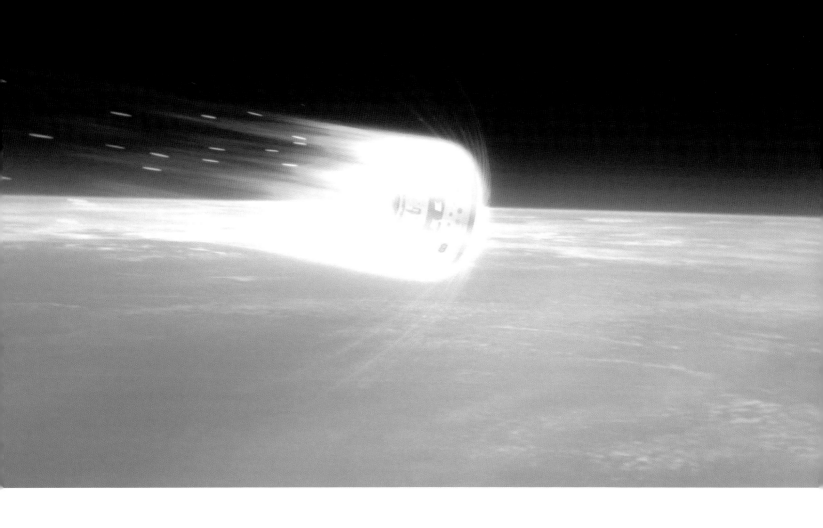

덩어리가 지구 대기에 재진입했고, 북서 아프리카 해안 근처 대서양으로 추락했다. 창정 5B의 일부인 이 잔해는 중국 하이난성 원창 우주발사센터에서 발사되어 성공적으로 페이로드를 궤도에 진입시킨 우주선에서 나온 것이다.

CNN의 보도에 따르면, 로켓 잔해 덩어리 무게는 거의 20톤이었다. 하버드-스미소니언 천체물리학 센터의 천문학자 조나단 맥도웰Jonathan McDowell은 "잔해의 무게는 17.8톤으로, 1991년 낙하한 39톤짜리 살류트Salyut 7호 이후로, 대기권에 재진입한 어디로 튈지 모르는 가장 무거운 물체다. 2003년 폭발한 미국 우주왕복선 콜럼비아호Columbia, OV-102를 포함하지 않는다면 말이다."라는 글을 트위터에 올렸다.

미국 공군 제18우주통제비행단은 이후 트위터를 통해 "제18우주통제비행단이 5월 11일 태평양 연안 표준시로 오후 8시 22분 대서양 상공에서 창정 5B의 대기권 재진입을 확인했다. 창정 5B는 2020년 5월 5일 승무원 시험 캡슐을 발사했다."라고 언급하며 이 사건을 공식화했다.

맥도웰은 CNN과의 인터뷰에서 "로켓의 파편 크기가 클수록 대기권 재진입 시 살아남아 지구에 충돌할 확률이 높다. 대기권 하층부에 도달하면, 상대적으로 천천히 움직이기 때문에 최악의 경우는 집 한 채를 통째로 파괴할 수 있다."라고 말했다.

또한 맥도웰은 트윗에서 "참고로 말하자면, 낙하하는 로켓 잔해의 대기권 재진입 시간에 대한 국방부의 발표는 사건 발생 후 약

↑ 이 유사 플라스마 물질은 상당히 큰 물체가 지구 대기권에 재진입할 때 나타나고, 우리는 지구 표면에서도 볼 수 있다.

→ 중국 우주비행사들이 학생들과 대화를 나누고 있다.

1시간 반 만에 이루어졌다. 과거 사례와 비교해 상당히 빠른 편이었다."라고 덧붙였다. 맥도웰은 파편이 지구 대기권으로 급격히 하강하는 경우 그 예측이 본래 불가능한 점에 대해 다음과 같이 설명했다. "목격자의 보고에 정보를 의존해야 하기 때문에 내가 계속 '잔해가 아직 떨어지지 않았다면'이라고 가정을 하는 것이다."

궤도 위의 물체를 감시하는 스페이스트랙SpaceTrack[46]은 호주, 미국, 아프리카에 떨어질 잔해의 잠재적 충돌 장소를 예측할 뿐이었다. 이는 꽤 넓은 영역이다. 맥도웰은 또 다른 트위터 글에서 "문제는 파편이 수평으로 대기를 통과하며 매우 빠르게 이동하고 있어서 최종적으로 언제 내려올지 예측하기 어렵다는 것이다. 공군의 최종 예측은 30분 안팎이었는데, 그 시간 동안 잔해가 전 세계의 4분의 3을 돌았다."라고 말했다.

궤도에 오른 중국 우주 계획

5월에 떨어진 중국의 로켓 잔해로 인해 인명 피해는 발생하지 않았지만, 그것이 마지막은 아니었다. 1년 후인 2021년 5월 8일, 이탈리아의 온라인 관측소 버추얼 텔레스코프 프로젝트의 천문학자들은 중국의 창정 5B 로켓이 대기권으로 떨어지는 모습을 포착했다. 이는 지금까지 기록된 것 중 가장 크기가 큰 잔해가 통제되지 않은 상태로 재진입한 것이다.

로봇 망원경, 엘레나가 대략 초당 0.3도의 속도로 밤하늘을 가로지르는 로켓을 모니터했다. 〈스페이스닷컴〉의 보도에 따르면, 버추얼 텔레스코프 프로젝트 소속 천문학자인 지안루카 마시Gianluca Masi는 "영상 촬영 당시, 로켓은 우리 망원경으로부터 약 700킬로미터(435마일) 거리에 있었고, 태양은 지평선에서 불과 몇 도 아래에 있었기 때문에 하늘은 믿을 수 없을 정도로 밝았다. 이러한 조건들 때문에 영상이 상당히 극단적으로 나오긴 했지만, 우리 로봇 망원경은 이 거대한 파편들을 포착하는 데 성공했다."라고 말했다.

사진에서는 추락하는 로켓이 작은 점처

46) 공군의 레이더 따위를 이용한 인공위성의 탐지 · 추적 시스템

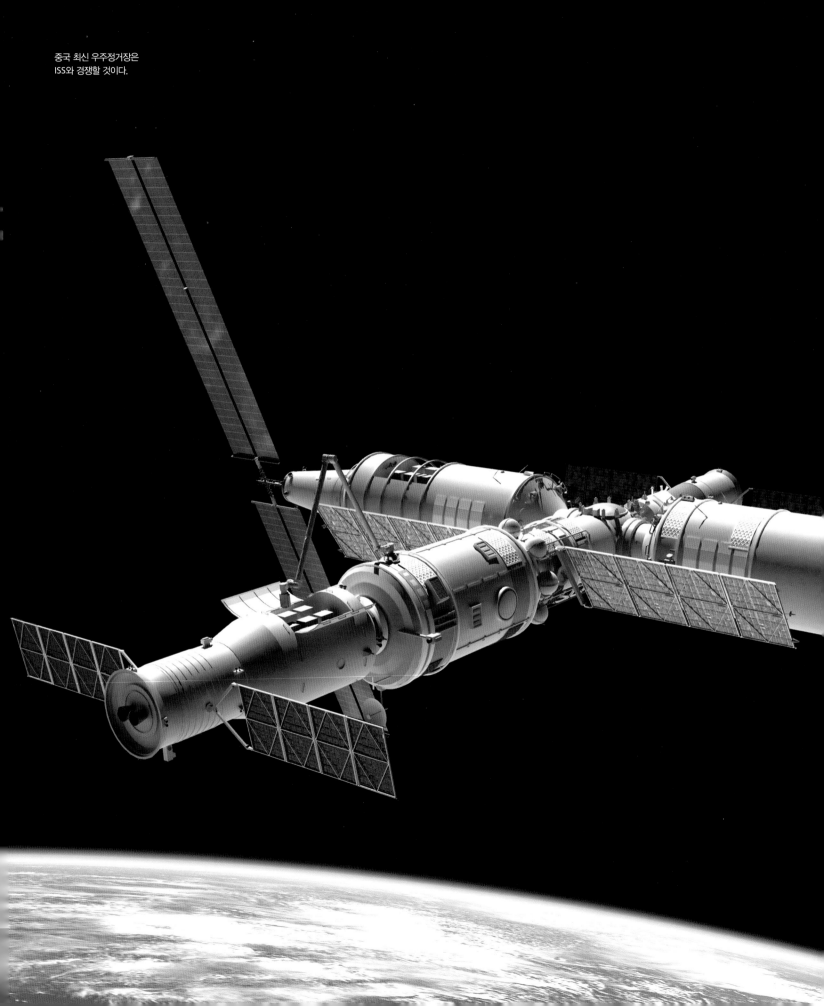

중국 최신 우주정거장은
ISS와 경쟁할 것이다.

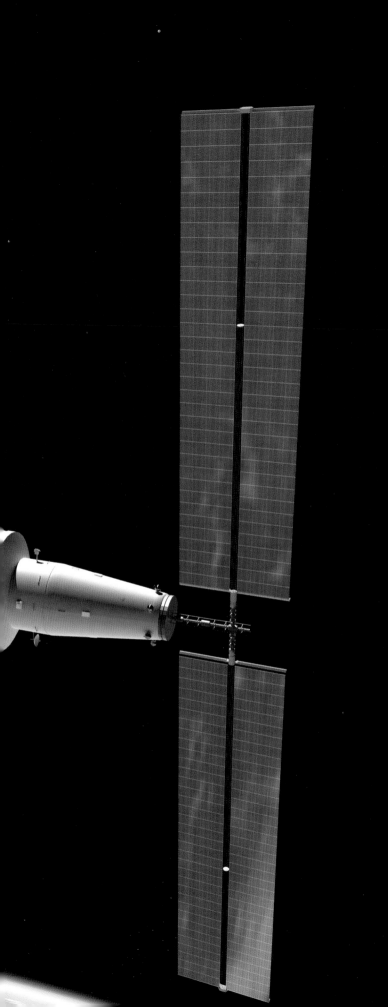

럼 보이지만, 중국 창정 5B는 높이가 98피트 (30미터)로, 작은 점은 아니다. 그리고 이 빛나는 점은 그 자체로 중국의 새로운 시작을 나타내는 전조가 되었다. 창정 5B는 중국이 새로 건설하는 우주정거장을 위해 11개 부품 중 첫 번째 부품을 궤도에 올려놓고 추락했다. CSS China Space Station라고 불리는 이 우주정거장은 2022년부터 완전히 가동될 예정이었다. 그러나 이번 2021년 5월 발사 사고로 우주정거장의 거주 모듈 톈허Tianhe만 궤도에 올라가게 되었다.

창정 5B 로켓은 톈허를 궤도에 내려놓은 후 그 어느 때보다 무섭게 대기권에 재진입했다. 이것은 중국이 세계에 보내는 신호처럼 느껴졌다. 우주를 향한 중국의 야망이 다른 국가의 우주 야망과 중국민의 삶보다 더 중요하다는 신호처럼 보였다. 젠 사키Jen Psaki 미국 백악관 대변인은 기자 브리핑에서 '책임 있는 우주 행동'의 필요성을 표명했다. 한편 맥도웰은 중국의 태만한 우주 실행 계획을 묘사하며, 중국 로켓 설계자가 성의 없이 작업했다고 느껴질 정도로 진행 과정이 해이했다고 비판했다.

대조적으로, 미국 우주 프로그램은 1990년 이래로 10톤 이상 무게가 나가는 물체가 통제되지 않은 상태로 대기권에 재진입하는 것을 허용하지 않았다. 어떤 관점에서 보면, 중국 신진 우주 프로그램이 저지르는 실수는 풋내기 시절 미국과 동맹국이 겪은 실수와 흡사하다고 주장할 수도 있다. 그러나 불안정한 시작을 통해서든 냉혹한 야망을 통해서든, 중국 우주정거장은 서방 경쟁국이 쌓아 올린 노력에 한 걸음 더 가까이 다가가게 한다.

중국의 새로운 우주정거장은 ISS에 필적할 것이며, 추가적 구성 요소와 모듈을 갖춘 후속 발사는 대기권 재진입과 같은 사고 없이 진행되었다. 2021년 10월 15일, 중국은 창정 2F를 통해 선저우 13호를 발사했다. 자이즈강, 왕야핑, 예광푸 등 중국인 3명을 태운 선저우 13호는 최근 배치된 톈궁 우주정거장의 핵심 모듈에 도착했다.

2022년을 기준으로 봤을 때, 마지막 성공적 발사는 2021년 12월 29일에 이루어졌다. 이날 중국은 시창과 주취안 발사센터에서 몇 시간 간격으로 두 차례의 궤도 발사를 시행하면서 한 해를 마감했다. 첫 번째로 오전 11시 43분경 시창 기지 2단지에서 창정 3B 로켓을 발사했다. 새로운 통신 시험 위성, TJSW-9이 탑재된 창정 3B 로켓은 지구 정지궤도에 놓였다. 중국 우주과학원China Academy of Space Technology, CAST가 TJSW-9를 제작했지만, 공개 기록이 없다는 점에서 군사용 위성일 가능성이 제기된다.

TJSW-9 발사 몇 시간 전인 오전 6시 13분, 창정 2D에 장착된 티안후이Tianhui-4 지도 위성이 발사되어 궤도에 도착했다. 우주 추적시스템을 통해 새로운 궤도 물체 두 개가 이미 감지되고 나서 중국의 발사 소식이 미국에 전해졌다.

기록적인 발사를 수행하며 믿을 수 없을 정도로 바쁘게 보낸 중국의 2021년이 마무리되었다. 2018년과 2020년에 세운 39회

시창 우주 기지에서
우주 위성을 발사하는 중국

우주전쟁 2.0

← | 중국 주취안 우주 기지에서의 발사

→ | 중국 최초의 여성 우주비행사
    류양

발사 기록을 훌쩍 뛰어넘었다. 12월에 시행된 두 번의 발사는 중국의 54번째와 55번째 발사였다.

우주 전술

퇴임을 앞둔 합참 부의장 존 하이텐John Hyten이 CNN과 인터뷰한 보도에 따르면, 중국은 2021년 여름쯤 전 세계를 순회하는 극초음속 미사일 시험에 성공했다고 한다. "그들은 장거리 미사일을 발사했다. 그 미사일은 전 세계를 돈 다음, 극초음속 활공 비행체를 분리했다. 그 비행체는 활공하며 다시 중국으로 돌아온 후 중국 내 목표물과 충돌했다."

전 세계에서 역동적으로 벌어지고 있는 2세대 우주경쟁이 경쟁국 사이에 긴장감을 잔뜩 고조하고 있다. 극초음속 미사일은 전략적 선제공격 무기로, 재래식 탄도 미사일 같은 전통적 무기보다 우월하다. 냉전 시대에, 모든 핵미사일은 높은 호를 그리며 대기권 상층부를 통과하기 때문에 핵전쟁을 포함한 실제 전쟁이 억제된 면도 부분적으로는 있다. 미사일이 폭파되기 전 방어용 레이더에 충분히 경고를 제공함으로써 방어국이 자체 핵무기를 발사할 수 있기 때문이었다.

하지만 극초음속 미사일은 레이더에 잡히지 않을 가능성이 있다. 극초음속 미사일은 지구 대기권 가장자리까지 발사된 다음 강하하며 초음속 속도를 내며, 빠른 가속으로 음속의 몇 배까지 도달하기 때문에 매우 짧은 시간 안에 목표물에 이르게 된다. 결정적으로, 레이더에도 잡히지 않아서 대응은 고사하고 제때 방어에 나설 시간도 없게 된다. 게다가 극초음속 미사일에 핵무기를 탑재할 수 있다는 점은 불안 요소다. 2022년 초

↑ | 극초음속 무기 시험은 미국과 미국의
아시아 동맹국을 긴장시켰다.

↓ | 미사일 발사 장치를 넣어두는 지하 설비,
사일로Silo를 빠져나가는 러시아 탄도
미사일

를 기준으로, 완전하게 기능하는 극초음속 미사일을 보유한 국가는 중국이 유일한 듯했다. 그리고 2021년 여름 이후로 중국이 얼마나 많은 발전을 이루었는지 우리는 알 수 없다.

극초음속 미사일 공격을 방어할 방법이 없다는 말은 아니다. 하지만 이를 위해서는 최첨단 실시간 추적 기술이 필요하다. 현장 레이더와 위성 기반 추적시스템을 동시에 작동시킨 다음, 둘을 결합해서 순간적 의사결정 능력을 갖춘 차세대 포인트 방어 혹은 요격 무기를 제공하는 방식이다. 공격을 피할지 또는 치명적인 피해를 볼지는 몇 초 이내로 결정되기 때문에 방어 네트워크의 모든 연계는 절대적으로 중요하다. 이는 극초음속 미사일을 지닌 침략자가 군사 위성을 선제적

으로 파괴함으로써 적의 방어 인프라를 효과적으로 무력화할 수 있다는 것을 의미한다.

이것이 새로운 생각은 아니다. 처음 대중화된 것은 1980년대 레이건 행정부 시절이었다. 지구 저궤도를 또 다른 전쟁터로 만들겠다는 생각은 여전히 건재하다. 2021년 11월 16일, 러시아는 위성 요격 무기 시험을 시행했다. 러시아 궤도 위성 중 하나를 파괴해 초음속 우주 파편이 1,500개 이상 생성되었고, ISS와 우주비행사 7명의 목숨도 위태롭게 만들었다.

이 사건이 발생했을 때, ISS에는 미국인 우주비행사 4명, 러시아인 우주비행사 2명, 그리고 독일인 우주비행사 1명이 타고 있었다. 그들은 위험이 임박했음을 알고 도킹된

지구와 달 사이의 공간이 전쟁터가 된다면
비극이다.

캡슐에 있는 대피소로 달려갔다. 수천 개의 우주 파편 덩어리 중 하나라도 정거장의 선체를 관통할 경우 그들 생명에 미칠 위험을 줄이기 위해서였다. 러시아의 위성이 파괴되며 만들어진 우주 쓰레기는 궤도 레이더에 잡힐 만큼 충분히 거대했고, 며칠 동안 계속해서 ISS를 위협했다. 미국 국무부의 네드 프라이스Ned Price는 공식 언론 브리핑에서 이렇게 말했다. "위험했고 무모한 행위였다. 무책임한 일이었다."

실제 상황은 이보다 더 나빴다. 처음에는 파편을 1,500개 정도 탐지할 수 있었지만 이보다 작은 조각들이 수없이 많아 탐지가 불가능했다. 이 작은 조각들은 심지어 ISS와 다른 궤도 위성을 훼손하기에 충분한 운동량을 가지고 있었다. 프라이스는 〈AP통신〉 보도에서 "우리는 이런 류의 활동을 용납하지 않

는다는 것을 계속해서 분명히 할 것이다."라고 덧붙였다.

ISS에 탑승했던 NASA 우주비행사 중 한 명인 마크 반데 헤이Mark Vande Hei는 잠자리에 들며 "정말 힘들었지만 잘 수습된 하루였다. 우주에서의 첫 근무를 시작하는 승무원으로서 유대감을 형성할 수 있었다."라고 〈AP통신〉에 말했다. 한편 미국 우주사령부는 끔찍한 이 모든 상황을 지상에서 지켜봐야 했다. 미국 우주사령부는 트위터를 통해 "러시아가 위성 요격 미사일 시험을 감행했다. 러시아는 계속해서 우주를 무기화하고 있다. 우리는 공격에 맞서 우주에서 미국과 동맹국의 이익을 보호하고 방어할 준비가 되어 있다."라고 밝혔다.

국제적 우려에, 러시아 연방우주청 로스코스모스Roscosmos는 그 사건을 공식 확인했

다. 기관은 트위터를 통해 "우주정거장 승무원이 비행 프로그램에 따라 일상적인 작전을 수행하고 있다. 오늘 표준 절차에 따라 승무원을 우주선으로 이동하게 했던 파편은 이제 ISS에서 멀어졌다. 정거장은 이제 안전한 그린존에 있다."라고 전했다. 이 말은 반만 사실이다. 궤도를 도는 물체는 자오선 통과[47]라고 부르는 공전을 할 때마다 상대적으로 같은 위치로 되돌아오는 성질이 있기 때문이다.

하버드 대학의 유명 천문학자인 맥도웰은 트위터에 "몇 분 떨어진 곳에 있는 또 다른 잔해 구역이 ISS를 통과할 수 있다."라고 썼다. 그는 지구 저궤도에서 위성 요격 시험을 수행했을 가능성에 불만을 품고 있었다. 맥도웰은 후속 트윗을 통해 "2007년 중국 시험, 2008년 미국 시험, 2019년 인도 시험을

47) 천체가 일주 운동에 따라 자오선을 지나는 일. 또는 그런 시간

← 2세대 우주경쟁과는 별도로, ISS를 궤도에서 계속 작동시키려면 지속적으로 작업을 해야 한다.

→ 우주비행사 케일라 배런Kayla Barron이 ISS의 큐폴라 모듈에 나 있는 창문으로 밖을 내다보며 미소짓고 있다. 결국 ISS 는 궤도 이탈 상태에 놓이게 되고 거대한 불덩어리 속에서 사라지게 될 것이다.

비난했고, 이번 시험도 똑같이 비난한다. 잔해를 생성하는 위성 요격 시험은 나쁜 발상이며 절대로 수행해서는 안 된다."라고 덧붙였다.

달 위의 새로운 도전자

텐궁 1호 우주정거장 건설 이후 우주에서 중국의 존재감이 본격적으로 커졌다. 소련과 미국이 벌였던 것처럼, 우주경쟁을 통해 국제 경쟁을 표출하는 것에는 별 문제가 없다. 하지만 중국의 발사로 인해 전 지구적 지역사회와 환경이 지속적인 위험에 노출되는 일에 대해서는 반복적으로 우려가 제기된다. 2021년 5월 창정 5B의 주 로켓 부스터가 '통제 불능 대기권 재진입' 상태에 빠져 인도양에 추락하며 몰디브에 충격을 가할 뻔했던 일도 있었다.

그해 6월까지 보급품 외에도 모듈 몇 개가 더 배달되고 나서, 텐궁 1호의 우주비행사는 궤도 생활과 근무를 시작했다. 하지만 이것은 중국의 첫 번째 우주정거장은 아니었다. 단기 운용 프로토타입 두 대가 발사된 적이 있었다. 텐궁이 완성된다면 10년 이상 기능할 수 있다. NASA는 ISS가 앞으로 10년 이내에 미션을 종료하고 파괴할 수도 있다고 말한 바 있다. 최근 NASA의 계획으로 비춰봐서는 ISS를 더 오래 쓸 수 있길 바라지만 말이다.

그리고 2022년 1월 현재, 중국은 한 해 동안 40회 이상 발사를 계획하고 있다. 〈AP 통신〉 보도에 따르면, 텐저우 화물우주선 두 대를 발사하고 우주정거장에 모듈 두 개를 추가로 설치하는 것 외에, 앞으로 선저우 유인 우주선 두 대를 쏘아 올릴 예정이다.

이는 중국이 NASA와 보조를 맞추기 시작했으며, NASA를 능가할 가능성이 충분

↓ 화성 탐사선을 실은 창정 5호 로켓이 원창 우주 발사장에서 발사됐다. 우리는 중국이 연간 발사량을 상당히 늘릴 것으로 예상해야 한다. 하지만 중국은 미국의 공공-민간 우주항공 협력 기관이 발사 횟수를 늘리든 말든 상관하지 않을 듯하다.

→ 중국은 계속해서 우주정거장에 우주비행사를 보내고 있다.

하다는 점에서 의미가 크다. 미국과 러시아를 포함한 몇몇 유럽 국가가 공동으로 개발한 ISS의 예정된 운영 종료일은 2024년이다. ISS는 이제 수명이 다 되어 가고 있다. ISS가 완전히 사용 중지된다면, 중국은 지구 저궤도에 인간을 상주시킨 유일한 주요 강대국이 될 것이다. 그리고 머지않아 그 존재는 훨씬 더 확장될 가능성이 크다. 2019년 중국은 지구에서는 보이지 않는 달의 뒷면에 탐사선을 착륙시킨 최초의 국가가 되었다. 그것은 2013년의 첫 번째 달 착륙 이후, 중국의 두 번째 달 착륙이었다.

중국의 최신 탐사선은 초기 수명 3개월을 훨씬 넘었음에도 계속해서 작동하고 있다. 프로젝트 책임자의 말에 따르면, 2021년 9월 29일 기준으로, 그 탐사선은 달의 남극 근처에 있는 폰 카르만 분화구의 착륙 지점으로부터 0.5마일(839미터) 이상 이동하며 1,000일 동안 작동했다고 한다. 2020년 12월 중국은 다른 우주선을 달에 보내 몬스 륌케르Mons Rumker라는 화산 지역 근처에서 4파운드(1.8킬로그램)에 달하는 돌과 흙을 퍼내서 지구로 표본을 보냈다.

이것은 1976년 소련의 루나 24호 미션 이후로 처음으로 달 시료를 채취한 것이다. 중국은 그들 신화에 등장하는 달의 여신 이름을 따서 최신 달 탐사선의 이름을 창어Chang'e로 지었다. 〈뉴욕타임스〉 보도에 따르면, 비행 탐사선과 우주에서 3D 프린팅을 시도할 수 있는 탐사선을 포함하여, 2027년까지 달 탐사선 세 대를 추가로 달에 보낼 예정이다.

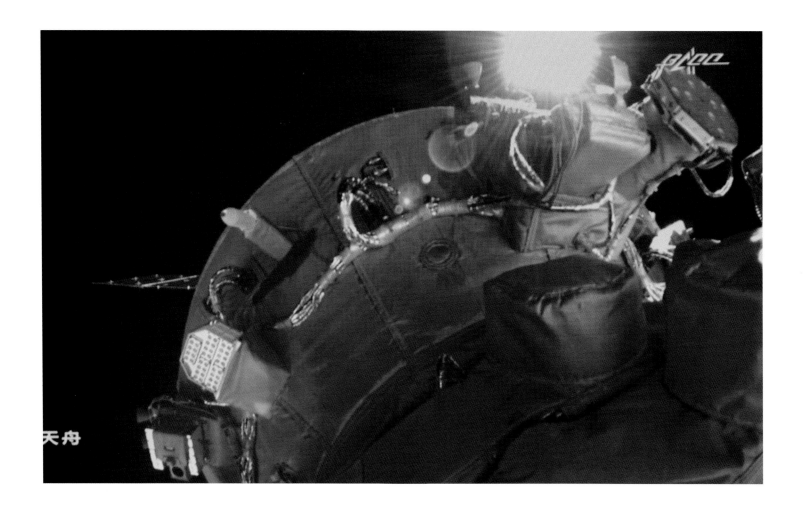

이러한 매우 야심 찬 달 탐사선 발사 계획은 2030년대 언젠가 타이코넛Taikonaut[48]이 방문할 미래 달 기지와 행성 간에 새 기반을 마련하기 위함이다. 그리고 또 있다. 2021년 봄, 중국은 러시아와 달 궤도를 도는 국제 달 연구기지International Lunar Research Station, ILRS를 설계하고 건설하는 협정을 체결했다고 한다. 두 나라는 몇 달간 회담을 진행한 끝에 이러한 계획을 마련했다.

러시아는 한때 NASA의 게이트웨이 프로그램 참여를 고려하기도 했다. 그랬다면 스페이스X와 같은 민간 우주항공 회사와 거대한 연합을 이루어 차세대 심우주 탐사를 구축하려는 많은 참가자 중 하나가 되었을 것이다. 하지만 러시아는 그 기회를 거절했다. 〈더버지〉에 보도된 로스코스모스의 성명에 따르면, 대신 달의 표면이나 달 궤도에 연구 실험 복합시설을 건설하기로 선택했다고 한다. 양국의 달 프로젝트가 완료되면, 이 시설은 광범위한 연구 플랫폼 역할을 할 것이며, 장기적으로 무인 운행이 가능해져서 인간이 달에 살 수 있을 거라고 전망했다.

러시아 연방우주청의 책임자 드미트리 로고진Dmitry Rogozin과 중국 국가우주국의 책임자 장 커지안은 새로운 달 관측소 협정에 디지털 방식으로 공동 서명했다. 이러한 형세

↑ 머지않아 중국만이 지구 저궤도 우주 유영을 수행하는 세상에 살게 될지도 모른다. 그러나 미국과 민간 우주항공 기업이 뒤를 바짝 뒤쫓고 있다.

48) 중국 단어 太空과 naut을 합쳐 만든 단어로 중국인 우주비행사라는 뜻이다.

↑ | 중국은 러시아와 협력하여 언젠가 달 기지를 건설할 계획이다.

← | 인도 뉴델리에서 열린 공화국 창건일 행진에서 위성 요격 무기 모델이 전시되어 있다. 위성 요격 무기 시험은 우주에서 수십 년간 쌓아 올린 업적을 무너뜨릴 위험이 있다.

← 중국은 이미 2022년에 착륙선 두 대를 달에 올려놓았는데, 그중 창어는 최초로 달의 뒷면에 착륙했다.

↓ 중국은 2021년 첫 화성 탐사선을 착륙시키기도 했는데, 최소한 착륙에 성공시킨 국가 중에서는 세계에서 두 번째다.

를 볼 때, 중국과 러시아가 새로운 우주경쟁의 씨앗을 적극적으로 뿌리고 있는 것처럼 보이지만, 사실 이 협정은 중국의 우주 야망에 필요했다. 2011년 미국 의회가 NASA가 중국과 협력하는 것을 금지하는 울프 수정안Wolf Amendment을 통과시켰기 때문이다. 그러나 이는 러시아가 미국과 맺었던 협력 프로젝트와는 더는 관련이 없음을 나타낸다. 이 협력 프로젝트는 1963년에 존 F. 케네디 대통령이 소련에 제안한 합동 달 탐사 미션이었다.

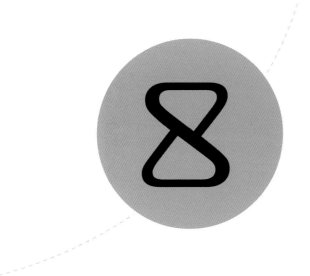

THE FUTURE: CONFLICTING REALITIES

미래, 상충하는 현실

중국과 미국은 차치하고, 러시아와 미국이 공동으로 달 프로젝트를 수행한다는 것이 기괴한 패러다임처럼 느껴지기도 한다. 이는 수십 년간 이어진 복잡한 지정학적 문제와 미국이 새로운 우주 강국과 협력 관계에서 벗어나려고 노력한 결과다. 놀랍게도, 이는 식민주의 역사와 불가분의 관계가 있다. 블루오리진의 수장 베이조스는 태양계 전체를 식민지로 개척하려는 의도를 명백하게 밝힌 적이 없다. 우주의 무한한 자원으로 새로운 번영을 이룩하겠다는 약속으로 우주 확장을 정당화할 뿐이다.

다행히도, 태양계에는 인간 외에 지능을 가졌다고 알려진 생명체는 없다. 이는 베이조스와 다른 우주 귀족이 산업 제국을 태양계로 확장해도 그 어떤 생명체도 정복당하지 않는다는 의미다. 그러나 우주 귀족이 소행성, 달, 화성에서 자원을 추출하기 위해서는 인간의 노동력이 필요할 것이다. 게다가 블루오리진과 스페이스X의 노사 관계에 대한 혐의가 사실이라면, 우주에서 근무하는 것은 힘들고 악몽 같은 일이 될 수도 있다.

베이조스, 머스크, 브랜슨 덕분에, 우리는 21세기가 끝나기 전에 달에서 생명의 흔적을 볼 수 있을지도 모른다. 하지만 대가가 비쌀 수 있다.

아마존 시설이 열악하다고 주장하는 사람이 많다. 아무도 도우러 가지 못하는 달이나 화성 같은 우주로 근무지가 옮겨지면 작업 환경이 얼마나 곤란해질지 상상해 보라.

2021년 9월 블루오리진의 전·현직 직원 21명은 회사의 업무 환경이 가혹하고 편파적이며 유해하다고 주장하는 공개서한을 발표했다. 안전에 대한 우려는 등한시되어 일부 사람은 자살 충동까지 경험했기 때문에 저항해도 소용없다고 주장했다. 공개서한에는 "번아웃도 노동 전략의 일부다, 라는 점에서 스페이스X를 모델로 삼았던 지침도 있다. 블루오리진은 지구상에서 가장 큰 단일 민간 기업 중에 하나임에도, 관리자, 직원, 엔지니어가 직원을 충원하고 비용을 늘려달라고 요청하면 빈번히 거절당했다."라고 적혀 있다.

근로자는 "제프의 돈을 조심히 써라."라는 말을 꾸준히 들었고, 추가 자금이나 자원을 요구할 의욕도 상실했으며, "감사히 여기라."

라는 말을 들었다고 주장하기도 했다. 〈슬레이브X라고 부르는 데는 이유가 있다〉는 제목의 스페이스X 채용 게시판 리뷰에 따르면, 스페이스X 직원은 회사를 슬레이브(노예)X라고 부르기도 했다. 급여가 높고 초과 근무 수당을 지급했지만, 경영진은 직원의 요청을 들어주지 않은 것으로 보인다. 또한 예고도 없이 다음 두 달 동안 주 6일 근무를 해야 한다는 말을 들은 적도 있다고 한다. "만약 돈이 제일 중요하다면 좋은 회사다. 하지만 당신의 인생을 바쳐 일하고 있다면 어떻게 인생을 즐길 수 있겠는가?"라고 쓰인 리뷰도 있다.

이런 척박한 근무 환경이라도 적어도 지구에서는 밖으로 나가 자유롭게 공기를 마실

수 있다. 달이나 화성 거주지에서는 일을 그만두면 집으로 돌아가는 것이 보장되지 않는다. 머스크는 화성에서 직접 민주주의가 실현되길 바란다고 말했지만, 사람들이 일상생활에서 사용하는 기술 기반 자체가 민간 기업에 의해 소유되고 운영되고 있는데 어떻게 사람이 직접 통치할 수 있겠는가? 2022년 코리 페인Corey Pein이 '민영화된 우주 거주지의 위험'에 관해 〈더배플러〉에 발표한 사설에는 이런 구절이 쓰여 있다. "사장에 반대표를 던지면? 당신을 위한 배급은 없다. 고용 불안? 산소 없이 파업해 보라."

2022년 1월 21일, 소행성과 혜성, 지구 근처의 일반 물체를 추적하는 천체 측정 소프트웨어 프로그램 더 가이드의 제작자 빌 그

레이Bill Gray는 스페이스X의 팰컨9 로켓 중 하나가 달에 근접했고, 3월 4일 달 표면에 충돌할 예정이라고 발표했다. 그레이는 "이번 달 충돌로 죽는 사람은 없을 것이며, 현재 프로젝트나 달 탐사선이 위험에 처하지도 않지만, 추적 데이터에 따르면 확실한 영향이 있을 것으로 예측한다"고 말했다.

그러나 2월 12일 그레이는 초기 예측을 정정했다. 추가 연구 결과, 그는 달에 충돌할 물체가 팰컨9가 아니라 중국의 창어 5-T1의 일부라는 사실을 발견했다. 창어 5-T1는 매우 성공적으로 임무를 수행한 창어 5호 발사에 앞서 사용된 로켓으로, 2020년 달 암석 시료를 채취해 지구로 가지고 오기도 했다. 애리조나대학교 학생들이 카이퍼 우주과학관 꼭대기에 설치된 망원경을 통해 그레이의 최근 결론이 사실임을 확인했다.

그레이가 자신의 예측을 수정하기 전 1월 21일과 2월 7일에 학생들이 관측했다는 점이 주목할 만하다. 애리조나대학교는 블로그 게시물을 통해 "학생들은 잔해가 달의 뒷면에 있는 헤르츠스프룽Hertzsprung 분화구 또는 그 근처 어딘가에 충돌할 것으로 추정하고 있다."라고 전했다. 스페이스X가 만들어낸 파편이든, 중국 우주선에서 나온 잔해든, 최종 결과는 같다. 달로 향했던 로켓 일부였던 파편이 달에 충돌하는 모습을 지구에서는 그 누구도 볼 수 없다. 그레이는 원래 자신의 게시물에 "초속 1.6마일(초속 2.6킬로미터)의 속도로 움직이는 달은 대부분이 가려져 있기 때문이다. 지구에서 보이는 면에 떨어졌다 하더라도, 그 충격은 초승달이 지고 며칠이 지나야 드러난다."라고 썼다.

일부는 이 임박한 충돌이 별일 아니라고 생각했지만, 이 일로 상당한 양의 우주 쓰레기가 달에 남겨진 최초의 선례를 남겼다(아폴로 미션의 착륙 단계는 포함하지 않았다). 이 일로 다음과 같은 의문이 제기된다. 우주 쓰레기는 얼마나 많아야 너무 많다고 할 수 있는가? 달에 거대한 매립지가 생길지도 의문이다. 일단 정착지가 확장되고 우주비행사가 지구로부터 새 하드웨어와 금속을 공수받는 데 필요한 로켓 연료를 절약하기 위해 기한이 지난 물질을 재활용한다면 특히 더 그렇다. 하지만 앞으로 수십 년 동안 2세대 우주경쟁이 박차를 가하며, 버려진 큰 기계 설비들이 온 우주를 뒤덮는다면 큰 골칫거리가 될 것인가?

우주 귀족이 생각하는 우주의 기본적인 쓸모를 파악하려면 베이조스의 말을 들여다보면 된다. 그는 2021년 7월 〈NBC 뉴스〉와 인터뷰에서 "지구라는 행성을 내려다보면 경계가 없다. 하나의 행성이다. 우리가 나눠 갖기 때문에 부서지기 쉽다. 우리는 이토록 아름다운 행성에 살고 있다."라고 말했다. 베이조스는 우주에 도달한 두 번째 억만장자다. 그리고 비행 도중 조망 효과를 경험했다고 주장한다. 조망 효과는 우주비행사가 지구를 내려다보며 작고 연약한 존재로서의 지구와 상호연결되는 감각으로, 근본적으로 경계가 없이 통일된 느낌을 준다.

베이조스는 경험을 통해 '이제는 지구를 오염시키는 것을 멈추라고 말해야 한다'는 영감을 얻었다고 한다. 대신 그는 인간의 산업을 지구 밖으로 옮겨 우주를 오염시켜야 한다고 주장했다. 또한 "우주에서 내려다보면 대기층은 상상할 수 없을 정도로 얇다. 우리는 대기 안에 살고 있어서 대기가 매우 커 보일 따름이다. 이 대기가 너무 거대해서 우리가 소홀히 하고 푸대접해도 된다고 여기는 느낌이다."라고 덧붙였다. 베이조스의 주장을 실행하려면 다음 가치를 완전히 재평가해야 할지도 모른다. 인간다운 것은 무엇인지, 인류를 다중행성종으로 만들 만큼 수익 동기가 분명한지, 그리고 우주 귀족이 세울 제국의 권력보다 지구에 사는 인류의 삶의 질을 먼저 생각해야 하는지 등이다.

아, 이것은 베이조스의 설명이 아니었다. 그는 보고서에서 "우리는 모든 중공업, 오염을 유발하는 모든 산업을 전부 우주로 옮겨야 한다."고 말했다. '지구는 대기를 악화시키는 글로벌 산업의 무한한 성장을 지탱할 수 없다, 적어도 인간을 포함한 생명체 대부분이 위험에 빠질 것이다'라는 사실을 베이조스가 이해한 점은 대단하다. 그러나 산업을 우주로 옮긴다는 것은 인력과 에너지를 생산하는 기계의 이동 이상을 의미한다. 머스크와 우주관광 기업들이 제안한 것처럼, 우주에서 인간의 존재감을 확대하기 위해서 우리는 기계를 만드는 기계, 즉 조립 공정에 초점을 맞출 필요가 있다.

하지만 조립공정은 온전한 중력이 있는 상황에서 특별히 인간과 작업하기 위해 고안되어 정교하게 맞춰진 기계 장치다. 따라서 우리는 제로 중력 또는 저중력 환경에서 물건을 만드는 방법을 근본적으로 재고해야 한다. 그렇다면 또 다른 문제가 생긴다. 원자재는 어디서 모아야 하는가? 소행성, 달, 화성에는 자원이 부족하지 않다. 하지만 그것들을 행성 간 산업에 이용하려면 채굴 작업을 시행해야 한다. 우주 귀족에게는 한 번도 해본 적 없는 대규모 실험이라고 할 수 있겠다.

"우리는 모든 중공업, 오염을 유발하는 모든 산업을 전부 우주로 옮겨야 한다."

— 베이조스

이를 실현할 기술은 아직 존재하지 않는다. 그리고 우리가 생각해야 할 문제가 하나 더 있다. 우주, 달, 화성에서 영토를 주장할 권리를 가진 사람은 누구인가? 2022년 현재, 지구 대기권 밖의 자원 추출은 불법이다. 1967년 1월 UN 총회에서 상정된 우주조약은 태양계 전체와 그 안에 있는 모든 사람이 '인류의 공동 유산'이라고 명시하고 있기 때문이다.

이는 인류 전체가 태양계를 공유지처럼 소유하고 있으며, 그 누구도 그 안에 있는 우주 물체에 대해 독점 권리를 가질 수 없다는 것을 의미한다. 베이조스, 머스크, 중국 또는 다른 누구라도 대기권 밖에서 추출 산업을 시작하려면 전 세계에 허락을 요청해야 한다는 뜻이다.

그러나 탐사를 목적으로 우주에서 더 높은 수준의 현실을 탐구하는 이러한 인문학적 관점은 엄밀히 말하면 실리를 따지는 기업가와는 어울리지 않는다. 우주 귀족에게 모든 외계 물체는 잠재적 재정 자원이어서 그 원료를 추출할 수 있는 사람의 재산이 된다. 이는 블루오리진이 달이나 화성에서 대규모 채굴 활동을 시작해 이익을 낼 수 있다면 그렇게 할 것이라는 뜻이다. 그리고 머스크도 비슷한 결정을 내릴 것으로 보인다.

미래는 아직 정해지지 않았다. 하지만 현재 상황으로 볼 때, 우주 귀족에 의한 태양계의 식민지화는 예전의 네덜란드 동인도회사와 같은 식민지 모험과 유사하게 전개될 수도 있다. 원주민의 동의 없이 지구 반대편에서 발견된 자원을 추출하고 판매할 수 있도록 식민지국으로부터 허가를 받았다. 아마도 이러한 우연을 예상했을 것이다. 파키스탄과 필리핀을 포함한 예전 식민지국과 태양계가 모든 이의 것이며 광산을 채굴할 여유가 있는 사람들만의 것이 아님을 명시하는 조약을 체결하며 우주 제국주의라는 새로운 시대의 전조가 보이기 시작했다.

달 조약이라고 불리는 그 조약은 우주 자원은 전 세계의 승인이 있어야만 채굴될 수 있고 지구인이 공평하게 공유해야 한다고 말한다. 그러나 이 조약에는 맹점이 있다. 1979년 조약이 제안되었을 때 미국과 러시아 같은 우주 강국은 서명하지 않았기 때문이다. 〈스페이스닷컴〉에 따르면, 베이조스와 같은 우주 귀족은 그 조약에 반대하는 로비를 한다고 한다. 베이조스는 광학의 미래를 위해 로비를 하는 것이 아니다. 그 증거로, 2020년 도널드 트럼프 대통령은 달 조약의 '인류 공동 유산' 원칙을 규탄하는 행정명령에 서명한 바 있다.

행성체와 소행성의 사적 식민지화를 지지하는 가장 설득력 있는 주장 중 하나는 다음과 같다. 우주에서 원광물을 채굴함으로써 얻는 이익에 세금을 부과하면 이 채굴을 허가하는 국가나, 적어도 블루오리진 같은 회사의 본사를 둔 국가들이 실질적으로 부유해진다는 의견이다. 그러나 베이조스는 미국과 전 세계에서 납세를 거부하는 것으로 유명하다.

머스크도 2021년 12월이 되어서야 110억 달러(약 13조 2,000억 원)가 넘는 테슬라 지분에 대한 세금을 완납하기 시작했을 정도로 베이조스와 다르지 않다. 머스크가 〈타임〉의 '올해의 인물'로 선정된 직후, 엘리자베스 워런Elizabeth Warren 상원의원은 "스페이스X와 테슬라 CEO가 다른 모든 사람에게서 공짜로 얻어먹고 있다."라고 말했다. 머스크는 자신이 미국 역사상 가장 많은 세금을 낼 것이라고 〈로이터 통신〉 보도를 통해 반박했다. 머스크는 테슬라에서 급여를 받지 않지만 2022년 8월 만료된 2,290만 개의 스톡옵션을 보유하고 있다. 2021년 당시 머스크는 테슬라 주식을 주당 6.24달러(약 7,500원)에 살 수 있었다.

게다가 비양심적으로 부유한 사람들은 실현되지 않은 이익, 즉 주식을 비영리 단체와 자선 단체에 기부함으로써 세금 부담을 줄인다. 물론 인도주의적 목적을 의미심장하게 지지하지 않고도, 우주 귀족이 자선 활동을 펼칠 방법은 얼마든지 있다. 주지 않고도

줬다는 효과를 내는 방법 말이다. 예를 들어 베이조스는 마이클 스트라한Michael Strahan이라는 연예인에게 NS-19 우주비행 무료 탑승권을 제공했다. 5천 5백만 달러(약 660억 원)짜리 좌석이었는데, 무료 탑승권을 제공함으로써 스트라한과 베이조스 두 사람 모두 이득을 얻은 셈이다.

머스크는 2021년 3월 증권거래위원회에 제출한 서류에서 자신의 직함을 테크노킹Technoking으로 바꿨다. 10년 안에 인간을 화성이 착륙시키겠다는 낙관적인 계획을 세웠지만, 머스크 본인을 비롯한 그 어떤 우주 귀족도 인간이 화성에서 번성할 때까지 살지 못

할 가능성이 매우 크다.

제3차세계대전이나 다른 종말이 일어나지 않는 한, 인간을 화성에 착륙시키겠다는 생각은 이제 더는 공상과학적 탐닉이 아니라 기술적 문제로 바뀌었다. 이쯤에서 우리는 고개를 들어 진지하게 자문해야 한다. 태양계를 식민지화한 후 지구상에서 가장 부유한 소수가 행성 간 기업이 만들어내는 부를 누리게 하고 싶은지, 그게 아니라면 우주에서 새롭게 창조된 사회를 평화롭고 평등하게 공유하는 민주주의 유산으로 만들어내고 싶은지 말이다.

우주를 산업화하는 기술은 아직 없지만, 우리가 생각해 봐야 할 문제가 하나 더 있다. 우주, 달 또는 화성에서 영토를 주장할 권리를 가진 사람은 누구인가?

저자 소개

브래드 버건Brad Bergan 지음

브래드 버건은 온라인 매체에서 일하는 선임 편집자이자 문화 에세이스트다. 퓨처리즘의 기고 편집자로 일했으며, VICE, 세계경제포럼, 전미도서비평가협회, 3:AM 매거진 등에 글을 기고했다. 블룸버그, 디스커버, NBC 뉴스에 인용되기도 하는 탐사 저널리즘 소유자다. 아이오와대학교에서 철학과 영어 학위를 취득했고, 뉴스쿨에서는 창의적 글쓰기 석사 과정을 수료했다. 현재 뉴욕에 살고 있다.

최지숙 옮김

한국외국어대학교를 졸업하고 뉴욕대학교에서 영어교육학 석사학위를 받았다. 영어책을 만드는 편집자로 일하다가 지금은 번역가의 길을 걷고 있다. 옮긴 책으로는 『이코노미스트 세계대전망 2023(공역)』이 있다.

IMAGE CREDITS

B = bottom, **L** = left, **M** = middle, **R** = right, **T** = top

Alamy Stock Photos: 4, Geopix; 8, dpa picture alliance; 12B, Geisler Fotopress; 16, ZUMA Press; 18, UPI; 19, Jeff Gilbert; 20, Lucy Nicholson; 21T, Gene Blevins; 21B, ZUMA Press; 22, NTSB; 24, ZUMA Press; 26, Mariana Ianovska; 27L, Pictorial Press; 27R, stock imagery; 28–29, ZUMA Press; 34, McClatchy-Tribune; 36–37, NASA; 38T, dpa picture alliance; 38B, SpaceX; 39, SpaceX; 40T, Pierre Barlier; 41, Joe Skipper; 42, Bill Ingalls/NASA; 44–45, SpaceX; 46, McClatchy-Tribune; 50, Mark Garlick/Photo Science Library; 51M, AC NewsPhoto; 52, Stephen Chung; 55, Ivan Alvarado; 62, dotted zebra; 63, 3000ad; 66, NG Images; 68–69, NASA/Dembinsky Photo Associates; 71B, Aaron Alien; 73, NASA; 82, Joe Skipper; 88, Ironwool; 91, Veronica Cardenas; 92, Veronica Cardenas; 93T, Veronica Cardenas; 93B, UPI; 96, McClatchy-Tribune; 97T, McClatchy-Tribune; 98T, Shamil Zhumatov; 98B, Geopix; 103, UPI; 105, WireStock; 107, Bob Daemmrich; 108, Gene Blevins; 109, Gene Blevins; 110, Geopix; 112, Gene Blevins; 113, Gene Blevins; 114, Gene Blevins; 115T, Bill Ingalls/NASA; 116–117, Geopix; 118, UPI; 119, Geopix; 120, ABACAPRESS; 121, The NASA Library; 122, UPI; 123, UPI; 124, Geopix; 125, ZUMA Press; 130–131, dotted zebra; 134, Simon Serdar; 137, Blue Origin; 138, Sipa USA; 140, Xinhua; 142, Imaginechina; 144, Xinhua; 147, Xinhua; 148–149, Adrian Mann/Stocktrek; 152, Xinhua; 154T, UPI; 154B, ZUMA Press; 155, Stockbym; 160, Xinhua; 161, Jason Lee; 162, Xinhua; 164, Xinhua; 165, Xinhua; 168, Ben Von Klemperer; 171, 3000ad.

AP Images: 11; 23; 90, NurPhoto Agency; 94, NurPhoto Agency; 101, NASA; 143B; 153, Ng Han Guan; 163B, Manish Swarup.

Blue Origin: 86–87.

Creative Commons: 31, NASA/MSFC; 71T, TEDxMoscow/CC by 2.0; 77, NASA Glenn Research Center/CC by 2.0; 84, NASA HQ Photo/CC by-NC-ND 2.0.

Getty Images: 10, Cristina Monaro/Corbis Historical; 12T, Cyrus McCrimmon/Denver Post; 30, Joe Raedle; 32, NASA; 35, Bruce Weaver/AFP; 40B, Bruce Weaver/AFP; 99, handout; 143T, AFP; 151, AFP; 163T, Mark Ralston/AFP; 166, Mark Garllick/Science Photo Library.

NASA: 48, 53T; 60; 61; 65; 67; 72; 75; 78; 83; 85; 100; 102; 106; 115B; 139; 146; 156–157; 157; 158; 159.

NSA Archive: 64.

Shutterstock: 13, James Dalrymple; 14, Mike Mareen; 51T, Vasin Lee; 51B, Jenson; 53B, Simeonn; 54, Sergii Chernov; 57, IndustryAndTravel; 58–59, muratart; 70, Herbert Heinsche; 80, Cristian Cestaro; 97B, EWY Media; 133, Dotted Yeti.

SpaceX: 43.

Voyager Station: 126; 127; 128; 132.

SPACE RACE 2.0

우주전쟁 2.0

우주에 국경선을 긋는 자, 누가 깃발을 꽂을 것인가?

초판인쇄 2023년 09월 29일
초판발행 2023년 09월 29일

지은이 브래드 버건
옮긴이 최지숙
발행인 채종준

출판총괄 박능원
국제업무 채보라
책임편집 조지원 · 김지숙
디자인 홍은표
마케팅 문선영 · 전예리
전자책 정담자리

브랜드 드루
주소 경기도 파주시 회동길 230(문발동)
투고문의 ksibook13@kstudy.com

발행처 한국학술정보(주)
출판신고 2003년 9월 25일 제406-2003-000012호
인쇄 북토리

ISBN 979-11-6983-470-4 03440

드루는 한국학술정보(주)의 지식 · 교양도서 출판 브랜드입니다.
세상의 모든 지식을 두루두루 모아 독자에게 내보인다는 뜻을 담았습니다.
지적인 호기심을 해결하고 생각에 깊이를 더할 수 있도록, 보다 가치 있는 책을 만들고자 합니다.